verbraucherzentrale

Heizung und Warmwasser

Moderne Heiztechnik mit
Sonnenenergie, Holz und Co.

Herausgeber   Verbraucherzentrale Niedersachsen e. V.
Herrenstraße 14, 30159 Hannover
Telefon 0511 91196-0, Fax 0511 91196-10
E-Mail: info@vzniedersachsen.de

Mitherausgeber   Verbraucherzentrale Baden-Württemberg e. V.

Verbraucherzentrale Hamburg e. V.

Verbraucherzentrale Nordrhein-Westfalen e. V.

Verbraucherzentrale Bundesverband e. V. (vzbv)

Text	Hubert Westkämper, Elsfleth
Lektorat	Gabriele Peters, Almut Setje-Eilers
Gestaltung	Klaus-Peter Thiele
Fotos	Bildnachweis auf Seite 159
Grafiken/ Zeichnungen	Knobloch/Meinhof/Thiele/Westkämper
Druck	Hahn-Druckerei, Hannover
Auflage	12. aktualisierte Auflage, September 2009, 100. – 108. Tausend
ISBN	978-3-923760-73-6 Printed in Germany

Inhalt

Vorwort zur 12. Auflage

Mittlerweile ist der Klimawandel deutlich sichtbar und
spürbar: Schmelzende Polkappen und Eisgletscher, viel
zu warme Winter, immer mehr und heftigere Orkane,
Dürren und Überschwemmungen. Hinzu kommt unsere
wachsende Abhängigkeit von immer weniger Energie-
Lieferländern. Unsere Gas- und Ölversorgung ist extrem
unsicher geworden. Schon die kleinste Krise im nahen
Osten kann zur Explosion der Energiepreise führen. Im
Sommer 2008 hat der Ölpreis fast Schwindel erregende
Höhen erreicht und lag bei 1 € je Liter. Wegen der
Finanzkrise stürzte er auf etwa 0,4 € je Liter ab, um
dann wieder schnell anzusteigen. Die Schwankungen
werden immer wilder, je knapper der Rohstoff wird.

Der Gasstreit zwischen Russland und der Ukraine hat uns die Abhängigkeit von anderen Ländern vor Augen geführt.

Wollen wir die schlimmsten Auswirkungen des Klimawandels noch vermeiden und zugleich unsere Abhängigkeit von unsicheren Lieferländern vermindern, müssen wir im Energiebereich und hier vor allem auch bei der Beheizung von Wohnhäusern mit aller Kraft umsteuern. Immer mehr Menschen erkennen die Zeichen der Zeit und investieren massiv in Energie sparende Technologien oder steigen in ihrem Haus komplett um auf erneuerbare Energien.

Die 12. Auflage des vorliegenden Ratgebers wurde komplett überarbeitet und berücksichtigt die seit dem 1. Oktober 2009 geltenden Vorgaben der Energieeinsparverordnung. Auf nunmehr 160 Seiten informiert die Broschüre, wie effiziente und innovative Technik für Heizung und Warmwasserbereitung aussieht. Zukunftsfähige Heizungsanlagen, Heizen mit den erneuerbaren Energieträgern Holz oder/und Sonne werden ebenso vorgestellt wie der Einsatz von Wärmepumpen und Lüftungsanlagen. Diese Technologien bieten große Chancen, aber auch große Risiken und Enttäuschungen, wenn sie nicht sorgfältig geplant und auf das Haus abgestimmt sind.

Hinsichtlich der Energietechnik im Haus ist ein eindeutiger Trend erkennbar: Die Zukunft gehört den Energiesparhäusern und – sie ist sonnig!

Mit diesem Ratgeber möchten wir Ihnen einen Überblick geben über die Möglichkeiten und Grenzen der verschiedenen Energietechnologien für Hauseigentümer. Der Ratgeber soll helfen, Ihren Bedarf an Heizenergie und die Schadstoffemissionen erheblich zu senken und somit Ihre Energierechnungen auch bei steigenden Rohstoffpreisen bezahlbar zu halten. Außerdem bieten wir Unterstützung an, wenn Sie sich unabhängiger von Energieversorgern machen wollen. Für weitere Fragen steht Ihnen die Energieberatung der Verbraucherzentralen mit Rat und Tat zur Seite.

1. Energieträger
Nach uns die Sintflut?

Energiereserven und Umweltbelastung

Kohle, Erdöl, Erdgas als fossile Rohstoffe und Uran als nuklearer Rohstoff werden als Primärenergieträger bezeichnet. Insgesamt wird zwischen fossilen, nuklearen und erneuerbaren Energieträgern bzw. -quellen unterschieden. Für den Endverbrauch müssen Primärenergieträger in so genannte Sekundärenergieträger (Endenergie) umgewandelt werden – also in Strom, Heizöl, Benzin etc. Umwandlung und Transport der Energieträger erfolgen teilweise unter enormen Verlusten. Heizöl und Erdgas halten sich hier mit etwa 11 % noch vergleichsweise in Grenzen. Bei der Stromerzeu-

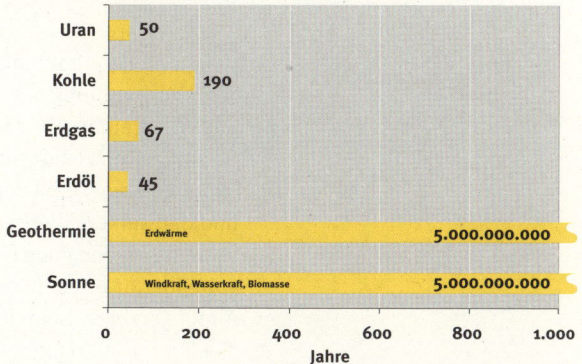

Abbildung 1: Reichweite der Energierohstoffe in Jahren bei gleich bleibendem Verbrauch

Energieträger	Jahre
Uran	50
Kohle	190
Erdgas	67
Erdöl	45
Geothermie (Erdwärme)	5.000.000.000
Sonne (Windkraft, Wasserkraft, Biomasse)	5.000.000.000

gung in herkömmlichen Großkraftwerken werden dagegen etwa 2/3 der eingesetzten Primärenergie nicht genutzt. Oder anders herum gesagt: Nur etwa ein Drittel der in den Großkraftwerken eingesetzten Primärenergie kommt bei Ihnen zu Hause in der Steckdose an!

Die fossilen Energieträger Kohle, Erdöl und Erdgas wurden innerhalb von vielen Millionen Jahren aus absterbenden Pflanzen und Tieren (Biomasse) gebildet und in der Erde gespeichert. Zurzeit verfeuert die Menschheit in einem einzigen Jahr die Biomasse, die sich in 500.000 Jahren gebildet hat! Die kostbaren Rohstoffe werden also in atemberaubendem Tempo aufgebraucht (Abbildung 1 auf S. 7). Beim Erdöl scheint das Fördermaximum erreicht zu sein: Die Ölvorräte in der Nordsee gehen zur Neige und nur noch Saudi-Arabien ist in der Lage seine Förderkapazität (geringfügig) zu erhöhen, um die wachsende Nachfrage nach Rohöl, z.B. aus China, Indien und den USA, zu befriedigen. Das bedeutet: Die Preise für Öl werden in den nächsten Jahren steigen. Und weil der Erdgaspreis an den Ölpreis gekoppelt ist, muss auch beim Gas mit steigenden Preisen gerechnet werden.

Unsere heutige Energieversorgung muss nachhaltig werden. Diese Zeichnung von Jupp Wolter ist 30 Jahre alt und aktueller denn je.

Hinzu kommt das Problem, dass bei Gewinnung, Transport und Verbrennung fossiler Energieträger verschiedene Schadstoffe freigesetzt werden:

- So sorgen **Stickoxide** und **Schwefeldioxid** für den „Sommersmog" und den „Sauren Regen", der Wälder und Bauwerke schädigt. Diese „klassischen" Schadstoffe können jedoch durch Filter, Katalysatoren und eine vorteilhafte Verbrennung weitgehend reduziert werden.
- Anders sieht es beim **Kohlendioxid** (CO_2) aus, das sich in der Atmosphäre immer mehr anreichert und

den „Treibhauseffekt" verursacht. Die meisten Klima-
tologen rechnen damit, dass in der Folge der Meeres-
spiegel noch in diesem Jahrhundert um 100 cm an-
steigen und sich das Weltklima dramatisch verändern
wird, wenn die Kohlendioxid-Emission und damit der
Verbrauch an fossilen Energieträgern nicht drastisch
reduziert wird. Denn hier können Filter und Katalysatoren nichts ausrichten! Erforderlich ist vielmehr der
sparsame Umgang mit den fossilen Schätzen und der
entschlossene Umstieg auf kohlendioxidarme bzw.
-freie Energieträger.

Abbildung 2: Kohlendioxid-Emissionen verschiedener Energieträger

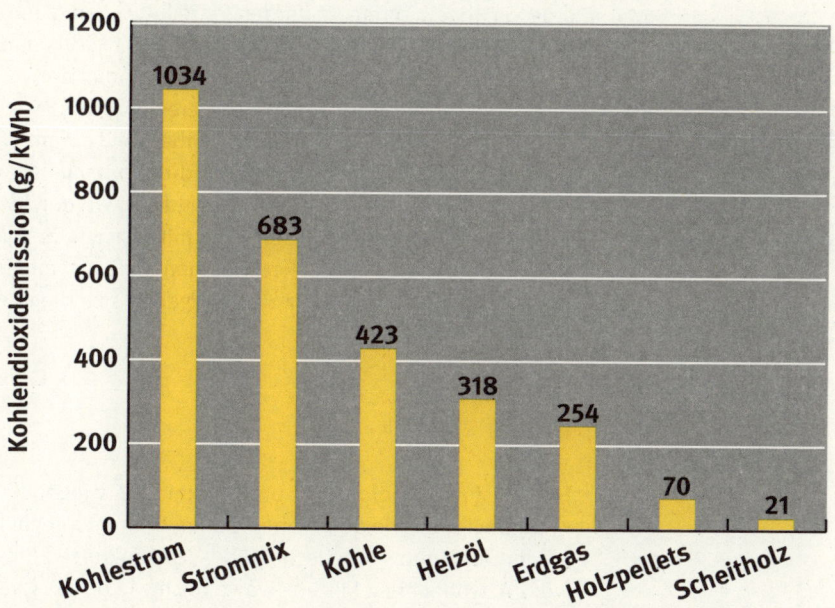

Zur Abbildung 2: Strom aus Kohlekraftwerken verursacht die höchsten Kohlendioxid-Emissionen;
günstiger ist Strom zu bewerten, wenn er unter Verwendung verschiedener Energieträger (Mix aus
Kohle, Uran, Wasser, Wind etc.) im deutschen Kraftwerkspark produziert wird. Quelle: GEMIS 4.14
= Gesamt-Emissions-Modell Integrierter Systeme des Öko-Instituts Darmstadt www.oeko.de/
service/gemis

Der nukleare Energieträger **Uran** wird – unter hohen Verlusten – zur Stromproduktion genutzt. Die großen Risiken dieser Technik sind spätestens seit der Reaktorkatastrophe von Tschernobyl nicht mehr zu leugnen. In Atomkraftwerken werden große Mengen radioaktiver Stoffe produziert, die über Jahrtausende sicher gelagert werden müssen. Ein solches Endlager existiert auch nach jahrzehntelanger Suche immer noch nicht, weder in Deutschland noch anderswo auf der Welt. Die Skandale um die Atommülllager Asse und Gorleben zeigen das Ausmaß der Probleme.

Die einzige Energiequelle mit nach menschlichem Ermessen „unbegrenzter" Reichweite (außer der Geothermie) ist die **Sonne** in all ihren Erscheinungsformen: Strahlung, Wind, Wasser, Biomasse. Sie lässt sich praktisch schadstofffrei über mehrere Milliarden Jahre hinweg nutzen. Die regenerativen Energiequellen stehen uns gratis und „frei Haus" zur Verfügung. Wenn wir **Holz** und andere Biomasse geschickt nutzen, produzieren wir nur so viel an Schadstoffen, wie die Pflanzen vorher der Luft entnommen haben. Holz ist kohlendioxid-neutral, muss jedoch gesägt und transportiert werden. Dazu werden in der Regel Maschinen eingesetzt, die mit fossilen Energieträgern betrieben werden. Rechnet man die Emissionen dieser Maschinen dem Holz zu, so ergeben sich die in Abbildung 2 gezeigten Werte.

Ein Geschenk der Sonne: Holz

Heizöl

Heizöl ist ein Rohölprodukt und stammt überwiegend aus Krisenregionen wie dem Nahen Osten. Dementsprechend ist der Heizölpreis drastischen Preisschwankungen unterworfen, wobei er im Mittel etwa so hoch wie der Gaspreis ist. Hinzu kommt die langfristig unsichere Versorgungssituation. Festzustellen ist ein zunehmender Wechsel zu anderen Energieträgern und damit ein Rückgang des Anteils an Heizöl zur Beheizung von Wohnungen. Heizöl hat den Vorteil, dass es nicht leitungsgebunden und gut speicherfähig ist. Nachteil: Die Wartung der Brenner sowie die Lagerhaltung sind relativ aufwändig. Es muss absolut sichergestellt sein, dass kein Tropfen Heizöl ins Erdreich oder Grundwasser gelangt, dies gilt sowohl für Erd- als auch für Kellertanks. Bis zu 5.000 Liter Heizöl dürfen unter Beachtung bestimmter baulicher Voraussetzungen im Heizraum gelagert werden. Bei einer Lagerung außerhalb des Gebäudes muss sichergestellt sein, dass Tank und Zuleitungen keinen Temperaturen unter +2 °C ausgesetzt werden, denn sonst könnte Paraffin entstehen. Dieses verstopft die Leitungen und führt zu Störungen der Heizungsanlage. Erst bei Temperaturen um 50 °C löst es sich wieder auf.

Die Qualität des Heizöls ist in DIN 51603-1 festgelegt. Die Norm erlaubt auch einen Anteil von bis zu 5 % Bioheizöl, was gerätetechnisch als unproblematisch angesehen wird. Bioheizöl kann aus nachwachsenden Rohstoffen wie Raps-, Sonnenblumen- oder Palmöl hergestellt werden, ist aber ökologisch sehr umstritten: Der Anbau erfolgt meist in Monokulturen und steht in Konkurrenz zur Nahrungsmittelproduktion. Um Palmöl zu gewinnen, werden in großem Maßstab Tropenwälder abgeholzt.

Kunden können heute in der Regel zwischen verschiedenen Heizölqualitäten wählen, die alle die Anforderungen der DIN 51603-1 erfüllen müssen:

1. Standard-Heizöl EL ist am preisgünstigsten und kann bis zu **1.000 mg/kg** (0,1 % Gewichtsprozent) Schwefel enthalten. Kühlt das bei der Verbrennung entstehende Abgas im Kessel oder im Schornstein unter den Taupunkt (47 °C) ab, entsteht aus der Verbindung von Kondensat (Wasser) und Schwefeldioxid Schwefelsäure, die sehr aggressiv ist und den Kessel oder den Schornstein zerstören kann. In der Umwelt sorgen Schwefeldioxidemissionen für Schäden an Wäldern und Gebäuden sowie für den Sommersmog.

2. Stabilitätsverbessertes Heizöl (unglücklicherweise wird es auch Premium-Heizöl genannt) ist etwa 5 % teurer. Durch die Zugabe von Additiven (Zusatzstoffe) beim Tanken wird eine größere thermische Stabilität und Lagerstabilität erreicht. Geruchsstoffe sollen den typischen Eigengeruch des Heizöls überdecken. Manchmal werden auch noch Verbrennungsverbesserer beigemischt, die das

Dieses Gerät ist
nur für
den Betrieb mit
Heizöl EL
schwefelarm
geeignet

Verrußen vermindern sollen. Bei modernen Blau- oder Raketenbrennern sind die Verbrennungsverbesserer allerdings unnötig. Die Schwefelprobleme bleiben bestehen.

3. Schwefelarmes Heizöl darf nur bis zu **50 mg/kg** (0,005 % Gewichtsprozent) Schwefel enthalten und kostet etwa 10 % mehr als Standard-Heizöl. Der Schwefelanteil ist im Vergleich zum Standard-Heizöl um den Faktor 20 vermindert. In der Regel werden dieser Heizölsorte auch die Additive des Premium-Heizöls beigemischt. Ganz davon abgesehen, dass durch die Entschwefelung die Umwelt erheblich entlastet wird, bietet diese Heizölsorte auch gerätetechnische Vorteile: Die Verbrennung ist sauberer, so dass die Korrosion und der Wartungsaufwand geringer sind. Insbesondere Heizöl-Brennwertkessel sollten nur mit dieser Heizölsorte betrieben werden. Die Schwefelemissionen sind in diesem Fall vergleichbar mit denen von Erdgas-Brennwertkesseln. Das Kondensat aus Öl-Brennwertkesseln muss auch nicht mehr neutralisiert werden. Geräte, die nur mit schwefelarmem Heizöl betrieben werden dürfen, sind mit einem grünen Aufkleber versehen (s. nebenstehende Grafik). Auch der Tankdeckel ist grün und der Durchmesser des Tank-Einfüllstutzens ist vermindert.

Heizöl EL schwefelarm ist für alle Ölheizkessel und Ölbrenner von den Herstellern als geeignet eingestuft worden. Weitere Informationen beim Institut für wirtschaftliche Ölheizung Hamburg unter www.iwo.de.

Erdgas

Rund ein Drittel aller deutschen Haushalte heizen mit Erdgas. Der Anteil ist bis vor wenigen Jahren immer weiter angestiegen, jedoch ist aktuell ein rückläufiger Trend zu beobachten: Durch die starken Preissteigerungen wechseln inzwischen immer mehr Haushalte weg von Gas und Öl hin zu Holzpellets und Wärmepumpen.

Zu den Pluspunkten von Erdgas zählen die – mit Ausnahme des Kohlendioxids – relativ schadstoffarme Verbrennung, die geringen Wartungskosten sowie der geringe Platzbedarf der Wärmeerzeuger. Der Lagerraum entfällt.

Als Minuspunkte gelten die Ölpreisbindung sowie die Abhängigkeit von immer weniger Lieferländern und Gaskonzernen. In früheren Jahren war Erdgas etwa 10 bis 20 % teurer als Heizöl. In neuerer Zeit haben sich die Preise immer mehr angeglichen, zeitweise war Erdgas sogar billiger als Heizöl.

Erdgas enthält im Vergleich zum Standard-Heizöl praktisch keinen Schwefel. Der Ausstoß der Schadstoffe Kohlenmonoxid und Stickoxide wird wesentlich von der verwendeten Brennerkonstruktion bestimmt, was nicht nur für gasbefeuerte, sondern auch für ölbefeuerte Anlagen gilt. Dem Erdgas wird ein Geruchsstoff zugefügt, der beim Austreten geringster Mengen sofort wahrgenommen wird.

Flüssiggas

Flüssiggas fällt in Deutschland in erster Linie bei der Erdölraffinierung an und ist somit ein Ölprodukt. Es wird oft in ländlichen Regionen ohne Erdgasversorgung eingesetzt, aber auch in manchen Kurorten und Wasserschutzgebieten, wo Heizöl nur eingeschränkt zulässig ist. Bei der Umweltverträglichkeit ist Flüssiggas weitgehend mit Erdgas vergleichbar. Ein Pluspunkt gegenüber Standard-Heizöl: Flüssiggas ist schwefelfrei und verbrennt schadstoffarm (außer Kohlendioxid). Negativ sind die hohen Brennstoffkosten sowie die Lager- und Wartungskosten des Gastanks.

Flüssiggas darf im Gegensatz zu Heizöl nicht in größeren Mengen innerhalb von Gebäuden gelagert werden. Da es schwerer als Luft ist, würde es sich im Keller ansammeln. Es gibt zwei Möglichkeiten der Lagerung:

- **Oberirdische Lagerung:** Die Tanks können gekauft oder von Flüssiggasfirmen gemietet werden. Sie sind allerdings kein schöner Anblick.
- **Erdtank-Lagerung:** Erdtanks werden in der Regel nicht vermietet. Sie verschandeln die Landschaft nicht, verursachen jedoch höhere Kosten.

Heizen mit Flüssiggas ist etwa 30 % teurer als mit Heizöl und Erdgas und dient deshalb oft nur als Übergangslösung bis zum Erdgasanschluss, zumal die Umstellung technisch sehr einfach ist. Doch Vorsicht: Es kann Ärger und erhebliche Kosten verursachen, wenn auf Erdgas umgestellt werden soll. Wer vorher einen langfristigen Liefervertrag abgeschlossen hat, wird es schwer haben, vorzeitig zu vertretbaren Kosten kündigen zu können. Manche Flüssiggashändler binden ihre Kunden mit Verträgen bis zu 10 Jahren.

Strom

Elektrischer Strom ist der hochwertigste Energieträger, der sich zum Antrieb von Maschinen, für Elektrogeräte und zur Beleuchtung einsetzen lässt. Wie bereits erwähnt, wird Strom in Deutschland überwiegend in Kohle- und Atomkraftwerken mit hohen Verlusten produziert. Der Wirkungsgrad konventioneller Großkraftwerke liegt nur zwischen 30 und 45 %, während der Rest als Abwärme in den Kühlturm geht oder die Flüsse aufheizt. Leider werden weiterhin solche Kraftwerke gebaut. Effizienter arbeiten sogenannte GuD-Kraftwerke (Gas- und Dampf-Kraftwerke) mit einem Strom-Wirkungsgrad von nahezu 50 %.
Nur etwa 10 % des Stroms wird in „Kraft-Wärme-Kopplung" erzeugt: Hier wird die zeitgleich anfallende Abwärme über Nah- und Fernwärmeleitungen zur Gebäude-

Abbildung 3: Zentrale Stromproduktion im Kohle- oder Atomkraftwerk (links) im Vergleich zur dezentralen Strom- und Wärme-Erzeugung im Blockheizkraftwerk (rechts)

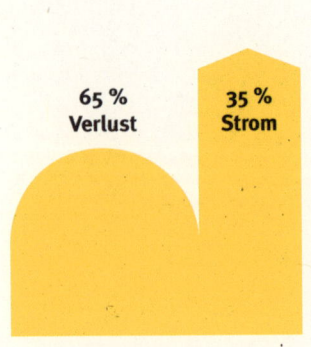
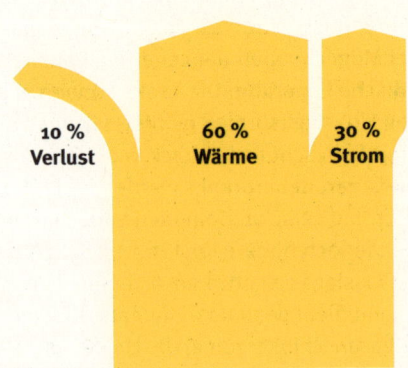

heizung genutzt. Kraftwerke mit Kraft-Wärme-Kopplung erreichen Wirkungsgrade von etwa 90 %. Auch kleine Blockheizkraftwerke (BHKW) fallen darunter, bei denen der Brennstoff (meist Erdgas oder Heizöl) in einem (Gas- oder Diesel-) Motor verbrannt wird. Der Motor treibt einen Generator an, der Strom wird ins häusliche oder ins öffentliche Netz eingespeist und die Motorabwärme für die Hausheizung genutzt (···➔ Kapitel Kraft-Wärme-Kopplung). Etwa 15 % des Stroms kommt in Deutschland gegenwärtig aus erneuerbaren Energiequellen (Tendenz stark steigend): Aus Wind 6,5 %, Wasser 3,5 % sowie Biomasse 4,7 % und Solaranlagen (Fotovoltaik) 1 %. Während das Wasserkraftpotential in Deutschland weitgehend ausgeschöpft ist, gibt es bei Windkraft-, Biomasse- und Solaranlagen rasante Wachstumsraten.

Strom ist angesichts seiner vielseitigen Verwendbarkeit und seiner Umwelt belastenden Erzeugung zum Heizen zu kostbar. Eine Ausnahme bilden elektrische Wärmepumpen (···➔ Kapitel Wärmepumpen), die mit Hilfe von Strom Umgebungswärme nutzbar machen. Optimal konzipierte Wärmepumpen produzieren aus 1 kWh Strom 4 kWh oder mehr Wärme und kompensieren damit die vorgelagerten Kraftwerksverluste.

Fernwärme und Nahwärme

Fernwärme zur Gebäudeheizung ist häufig nur in städtischen Ballungsräumen zu finden. Die Wärme stammt vorwiegend aus Kraft-Wärme-Kopplung oder industrieller Abwärme, manchmal leider auch noch aus normalen Heizkesseln. Vorteilhaft sind die sehr günstige Primärenergieausnutzung (bei Kraft-Wärme-Kopplung) sowie die geringen Wartungskosten der Hausstation. Nachteilig sind die oft höheren Wärmekosten sowie die zum Teil hohen Anschlussgebühren.

Nahwärme aus Blockheizkraftwerken (BHKW) ist ökologisch sehr günstig. Die Primärenergieeinsparung liegt etwa bei 30 %, wenn Strom und Wärme dezentral erzeugt werden.

Schadstoffemissionen

Elektroheizungen (Nachtspeicher) sind mit 925 g je kWh zweifellos die größten Umweltverschmutzer (⸻⸳ Tabelle 1). Zum Vergleich: Heizöl-Niedertemperaturkessel erzeugen etwa 385 g Kohlendioxid je kWh Nutzwärme und Erdgas-Brennwertkessel „nur" 250 g.

Werden Wärmepumpen mit dem üblichen Strommix aus dem deutschen Kraftwerkspark betrieben, wird insgesamt weniger Kohlendioxid produziert als bei der Wärmeerzeugung aus konventionellen Heizkesseln. Allerdings nur dann, wenn die Wärmepumpen an Flächenheizungen (Wand- oder Fußbodenheizung) arbeiten.

Am günstigsten schneiden Blockheizkraftwerke (BHKW) ab: Da sie auch „nebenbei" Strom erzeugen, werden konventionelle Kraftwerke entlastet, während die BHKW laufen. Die dadurch vermiedenen Kohlendioxid-Emissionen werden den BHKW gutgeschrieben, so dass die Emissionen sogar negativ ausfallen können. Das Optimum wird erreicht, wenn die BHKW mit Biogas aus Abfallstoffen (Gülle, Mist, etc.) der Landwirtschaft betrieben werden.

Tabelle 1: Schadstoffemissionen verschiedener Heizsysteme (nach GEMIS 4.2)

Option [g/kWh]	CO_2 g/kWh	TOPP mg/kWh	SO_2 mg/kWh	NO_x mg/kWh	CO mg/kWh
Heizöl-Niedertemperaturkessel (Standard-Heizöl)	385	452	819	281	218
Heizöl-Brennwertkessel (Standard-Heizöl)	346	406	734	253	200
Erdgas-Niedertemperaturkessel	297	352	180	235	166
Erdgas-Brennwertkessel	254	301	155	201	145
Elektroheizung, überwiegend Kohlestrom	923	691	953	481	227
Wärmepumpe-Luft, Kraftwerksmix	215	307	301	225	119
Wärmepumpe-Erdreich, Kraftwerksmix	185	266	261	194	109
Wärmepumpe-Grundwasser, Kraftwerksmix	172	248	242	181	104
Erdgas-BHKW klein	- 82	591	- 61	408	386
Biogas-BHKW klein	- 404	2.045	867	1.373	1.185
Holz-Pelletheizung	80	651	481	433	340
Solarkollektoranlage + Stückholzheizung	32	3.358	478	271	15.902

Erläuterung zu Tab.1: CO_2=Kohlendioxid-Äquivalent; SO_2=Schwefeldioxid-Äquivalent; NO_x=Stickoxid; CO=Kohlenmonoxid; unter TOPP sind alle Schadstoffe zusammengefasst, die für den Sommersmog verantwortlich sind.

In Tabelle 1 sind neben Kohlendioxid auch die Emissionen der „klassischen" Schadstoffe dargestellt. Sie konnten bei den herkömmlichen Feuerungen durch technische Verbesserungen stark reduziert werden. Bei den Biomasseanlagen – die letzten drei Zeilen in Tabelle 1 – sind die Emissionen der Luftschadstoffe (noch) relativ hoch; hier hat der technische Fortschritt vor wenigen Jahren erst begonnen.

In letzter Zeit wurde viel über **Feinstaubemissionen** diskutiert, die bei Feststoffheizungen, und hier vor allem bei alten Stückholzöfen, weitaus höher sind als bei konventionellen Heizungsanlagen. Das Umweltbundesamt vergibt für Pelletkessel mit besonders geringen Feinstaubemissionen den Blauen Engel. Erste Feinstaubfilter für Holzfeuerungen werden auf dem Markt inzwischen angeboten, allerdings sind sie noch sehr teuer. Hier gibt es noch großen Entwicklungsbedarf.

Wirkungsgrade und Preisvergleich

Bei der Verbrennung von Kohle, Heizöl, Erdgas und Holz entstehen als wichtigste Verbrennungsprodukte Kohlendioxid und Wasser, wobei der Wasseranteil bei Erdgas und Holz im Vergleich zu den übrigen Brennstoffen besonders groß ist. Das Wasser existiert zunächst in Form von Wasserdampf in den Abgasen. Unterschreitet das Abgas die so genannte **Taupunkttemperatur** (56 °C bei Erdgas- bzw. 47 °C bei Heizölabgasen), kondensiert Wasser. In früheren Jahrzehnten bestanden die Heizkessel nur aus einfachem Stahl oder Guss und die Schornsteine waren gemauert. Wenn in solchen Systemen die Taupunkttemperatur unterschritten und damit Wasser freigesetzt wurde, nahmen Kessel und Schornstein Schaden. Der Schornstein wurde feucht, und es kam zur Versottung. Um solche Schäden zu vermeiden, wurden die Abgase mit Temperaturen über 120 °C in den Schornstein geschickt, damit sie auch am Schornsteinkopf mit ausreichend hoher Temperatur ankamen. Dadurch wurde natürlich sehr viel Energie verschenkt. Energieeinsparung war noch kein Thema.

Heute ist Energie erheblich teurer, und es stehen uns Materialien wie Kunststoff und Edelstahl zur Verfügung. Moderne Kessel (Brennwertkessel) kühlen die Abgase von Heizöl und Erdgas so tief wie möglich ab, um möglichst viel Nutzwärme zu gewinnen, wobei auch der Taupunkt unterschritten werden darf und sollte. Das dabei entstehende Kondenswasser wird gesammelt und in die Kanalisation abgeleitet. Beim Heizöl – außer beim schwefelarmen – muss es allerdings zuvor neutralisiert werden, da es Schwefelsäure enthält.

Die beiden folgenden Begriffe stehen üblicherweise für die Menge an Wärme, die bei der Verbrennung abgegeben wird.

- **Heizwert** (H_i inferior = unterer Heizwert) bezeichnet die Wärmemenge, die bei der vollständigen Verbrennung entsteht, ohne dass die im Wasserdampf enthaltene Wärmemenge Berücksichtigung findet. Das Abgas wird also nur so tief abgekühlt, dass gerade noch kein flüssiges Wasser entsteht. Alle Wirkungsgrad- und Nutzungsgradangaben beziehen sich aus historischen Gründen auf den Heizwert (100 %) (⟶ Abbildung 4).

Abbildung 4: Brennwert und Heizwert von Erdgas LL

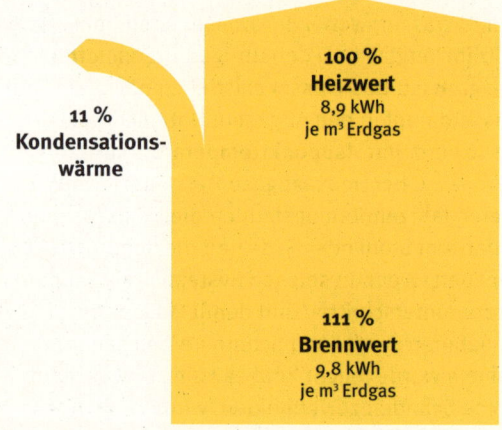

11 %
Kondensations-
wärme

100 %
Heizwert
8,9 kWh
je m³ Erdgas

111 %
Brennwert
9,8 kWh
je m³ Erdgas

- **Brennwert** (H_s superior = oberer Heizwert) bezeichnet die Wärmemenge einschließlich der Verdampfungswärme des im Abgas enthaltenen Wasserdampfes (⟶ Kapitel Brennwertkessel). Beim Erdgas entspricht dies der Wärmemenge, die bei der Verbrennung entsteht, wenn das Abgas bis auf die Raumtemperatur (20 °C) abgekühlt wird. Beim Erdgas ist der Brennwert etwa 11 % größer als der Heizwert, bei Heizöl 6 % und bei Holzpellets 10 %.

Der Heizwert eines Stoffes ist also immer geringer als der Brennwert. Bei der Verbrennung von Erdgas entsteht bei nachfolgender Abkühlung besonders viel Wasser, nämlich rund 1 Liter pro m³ Gas. Der Heizwert entspricht der Wärmemenge, die man in früheren Zeiten dem Brennstoff maximal entziehen konnte. Der Wirkungsgrad von Heizkesseln bezog sich auf diesen Heizwert. Typisch für herkömmliche gute Heizkessel sind Wirkungsgrade von ca. 90 % bezogen auf den Heizwert im Vergleich von bis zu 108 % bei Brennwertkesseln.
Diese veraltete auf den Heizwert bezogene Definition des Wirkungsgrades führte zu vielen Irritationen und sollte aus heutiger Sicht abgeschafft werden. Bezieht sich der Wirkungsgrad stattdessen auf den Brennwert, dann stimmen die physikalischen Begriffe, und Brennwertkessel erreichen Wirkungsgrade von 90 bis 95 %, während herkömmliche Kessel um die 80 % erreichen. Es ist zu begrüßen, dass viele Gasversorger inzwischen für ihr Gas nur noch Brennwerte angeben. Auch beim Heizöl dürfte sich allmählich der neuere Begriff durchsetzen.
Tabelle 2 auf der folgenden Seite macht die Heizwerte und Brennwerte der verschiedenen Brennstoffe vergleichbar. Die angegebenen Preise beziehen sich jeweils auf den Brennwert (auch bei den Festbrennstoffen!).
Bei Erdgas gibt es zwei Sorten – je nachdem, wo das Erdgas gefördert wird. Beide Sorten sind gleichwertig. In Nordwestdeutschland ist es in der Regel Erdgas LL, im Süden Erdgas E. Ihr Gasversorger kann Ihnen sagen, welche Sorte er Ihnen liefert. Den Brennwert finden Sie in der Regel aber auch auf der Gasabrechnung.
Für Stückholz gibt es derzeit noch keine Kessel, die den Brennwert nutzen, weil bei der Verbrennung Staub entsteht, der in Verbindung mit Wasser sehr schnell die Wärmetauscher verschmutzt. Erste Holzpelletkessel mit Brennwertnutzung sind aber bereits erhältlich.

Tabelle 2: Heizwerte, Brennwerte und Preise

	Heizwert kWh	Brennwert kWh	Bezugs- menge	Preis Cent/kWh
Heizöl Standard EL	10,1	10,6	Liter	6,0
Heizöl schwefelarm	10,1	10,6	Liter	7,2
Erdgas LL	8,9	9,8	m³	6,0
Erdgas E	10,4	11,4	m³	6,0
Flüssiggas	7,2	7,8	Liter	9,0
	12,9	14,0	kg	
Fernwärme	1,0	1,0	kWh	6,5–10
Nachtstrom NT	1,0	1,0	kWh	16,0
Tagstrom HT	1,0	1,0	kWh	21,0
Ökostrom aus erneuerbaren Quellen	1,0	1,0	kWh	21,0
Lufttrockenes Kiefernholz	4,4	4,9	kg	3,4
	1.600	1.750	Raummeter	
Lufttrockenes Buchenholz	4,0	4,5	kg	3,0
	2.100	2.300	Raummeter	
Lufttrockenes Mischholz	4,2	4,7	kg	4,0–16
abgepackt, Baumarkt	1.850	2.000	Raummeter	
Holzpellets	4,9	5,4	kg	4,5–5,5
	3.185	3.500	m³	
Holzbriketts	4,9	5,4	kg	5,0–6,0
abgepackt, Baumarkt	3.185	3.500	m³	

Zur Tabelle 2: Preise (Sept. 2009) inkl. Mehrwertsteuer und Grundgebühr bei Abnahme von 20.000 kWh. Die Preise beziehen sich jeweils auf den Brennwert. Bei (Stück-)Holz wird ein Preis von 60 € je Raummeter ofenfertiges Holz angesetzt. Pellets per Tankwagen kosten frei Haus etwa 200 € pro Tonne. Bei Anlieferung in Säcken muss man mit 280 € pro Tonne rechnen.

Strom aus erneuerbaren Quellen ist nicht oder kaum teurer als Strom aus Kohle- und Atomkraftwerken. Deshalb ist ein Umstieg sehr empfehlenswert. Aber Vorsicht: Es gibt dabei Mogelpackungen. Erkundigen Sie sich vorher bei der Verbraucherzentrale oder Umweltverbänden. Preisangaben sind bekanntlich meist schnell veraltet. Die Preise von Erdgas und Flüssiggas passen sich erfahrungsgemäß rasch den Trends am Heizölmarkt an, so dass die Relationen gleich bleiben. Abbildung 5 zeigt die jährlichen Heizkosten bei einem Wärmebedarf von 10.000 kWh (etwa 1.000 Liter Heizöl oder 1.000 m³ Erdgas). Nicht berücksichtigt sind Grund- und Schornsteinfegergebühren, Reparatur-, Wartungs- und Kapitalkosten.

Die **Investitionskosten** für die unterschiedlichen Heizsysteme sind in Tabelle 12 auf S. 87 angegeben.

Abbildung 5: Jährliche Heizkosten bei einem Wärmebedarf von 10.000 kWh pro Jahr

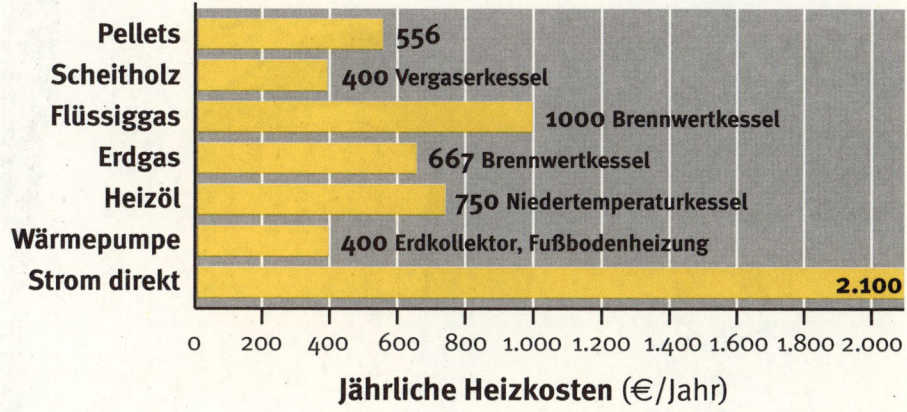

Jährliche Heizkosten (€/Jahr)

Heizwertkessel und Brennwertkessel

Alte Heizungsanlagen konnten die Kondensationswärme des in den Abgasen enthaltenen Wasserdampfes nicht nutzen. Der maximal nutzbare Wärmegewinn war der Heizwert. Man nennt diese Kessel deshalb auch Heizwertkessel, im Gegensatz zu den Brennwertkesseln. Heute sind auf dem Markt folgende Kessel (auch Wand hängende Geräte) erhältlich:

- **Konstanttemperaturkessel** oder **Standardkessel**: Dieser Heizwertkessel wird ganzjährig, also auch bei mildem Wetter (!), mit konstant hoher Kesselwassertemperatur (über 60 °C) betrieben, um Wasserdampfkondensation im Kessel und Schornstein und die damit verbundene Korrosion zu vermeiden. Er verursacht hohe Wärmeverluste an Kesselwandungen,

Rohrleitungen und in den Schornstein. Der Jahres-
nutzungsgrad neuer Anlagen liegt – bezogen auf den
Brennwert – nur bei rund 70 %. Solche Kessel sind
preiswert in der Anschaffung, jedoch teuer im Betrieb.
Nach der Energieeinsparverordnung sind diese veral-
teten Kessel zwar (leider) noch erlaubt, der erhöhte
Verbrauch muss jedoch durch eine verbesserte
Gebäudewärmedämmung kompensiert werden.

- **Niedertemperaturkessel**: Die Kesselwassertemperatur ist entweder konstant auf nicht mehr als 55 °C eingestellt oder sie gleitet entsprechend den Witterungs-
  verhältnissen automatisch zwischen 30 und 70 °C.
  Die Abgase verlassen den Kessel trotzdem mit weit
  über 100 °C, so dass der Jahresnutzungsgrad bezogen
  auf den Brennwert etwa 82 % beträgt. Auch diese
  Kessel sind Heizwertkessel und damit technisch veraltet.
- **Brennwertkessel**: Die Kesselwassertemperatur wird
  wie beim Niedertemperaturkessel in Abhängigkeit
  von der Außentemperatur eingestellt. Das Abgas wird
  jedoch so weit abgekühlt, dass der darin enthaltene
  Wasserdampf zu flüssigem Wasser kondensiert und
  die latente Wärme zusätzlich nutzbar wird. Der Jahresnutzungsgrad steigt, bezogen auf den Brennwert auf
  bis zu 95 %, bezogen auf den Heizwert sogar auf bis
  zu 105 %.

Die aufgeführten Heizkesseltypen im kleineren Leistungs-
bereich (also bis etwa 80 kW) werden fix und fertig geliefert. Nur die (drehzahlgeregelte!) Umwälzpumpe und das
Ausdehnungsgefäß müssen auf das zu versorgende Rohrnetz abgestimmt werden.
Bei den heutigen Energiepreisen und angesichts des
Treibhauseffektes sollte man nur noch Brennwertkessel
einbauen, sowohl bei Erdgas als auch bei Heizöl. Die
Mehrkosten amortisieren sich in wenigen Jahren.
Der Ersatz eines veralteten Heizwertkessels durch einen
modernen Brennwertkessel führt häufig zu einer Reduzie-
rung des Brennstoffverbrauchs von 20 bis 40 %!

TIPP: Bei der Heizungsinstallation müssen eine Fülle technischer Regeln und Normen eingehalten werden. Da die Montagekosten gegenüber dem hohen Materialwert eher gering sind, ist von der **Selbstmontage** abzuraten, zumal Heimwerker damit in der Regel handwerklich überfordert sind. Wir können deshalb nur eindringlich davor warnen, sich beispielsweise auf Messen irgendwelche Schnäppchen andrehen zu lassen, die tatsächlich meist kaum billiger sind als die Komplettmontage durch einen ortsansässigen Handwerker. Wer es unbedingt selbst machen möchte, sollte zumindest ein Vergleichsangebot für die Montage durch einen Fachbetrieb einholen.

Öl-Niedertemperaturkessel

In ihrer Weiterentwicklung wurden die Ölheizkessel immer kompakter. Gleichzeitig wurde der Kesselwasserinhalt verringert sowie die Wärmedämmung verbessert, um die Stillstandsverluste zu minimieren. Dies ist wichtig, weil ein Kessel mit Warmwasserbereitung immerhin ganzjährig 8.760 Stunden in Betriebsbereitschaft ist, während die eigentliche Brennerlaufzeit nur bei 1.500 bis 2.000 Stunden liegt.
Bis auf wenige Ausnahmen verfügen moderne Kessel über eine „heiße Brennkammer" bzw. einen „Trockenbrennzylinder". Der Vorteil dieser Konstruktion besteht darin, dass in der Anfahrphase des Brenners die Kesselwandungen schnell heiß werden. Dadurch wird die Abgaskondensation im Brennraum gemindert bzw. vermieden, und die Korrosionsgefahr reduziert. Alte Ölkessel mussten in der Regel mit mindestens 65 °C betrieben werden, damit die Rauchgase nicht an zu kühlen Wandungen im Brennraum kondensieren konnten.
Moderne Ölgebläsebrenner mit kleiner Leistung haben zur Erzielung optimaler Verbrennungsergebnisse eine Ölvorwärmung. Eine Luftabschlussklappe verhindert die Auskühlung des Kessels bei Stillstand.
Als Kesselmaterialien werden Guss, Stahl oder Edelstahl verwendet – Materialien mit einer vergleichbaren Lebensdauer. Gusskessel haben bei der Schalldämmung einige Vorteile gegenüber Stahl- und Edelstahlheizkesseln.

Beim **Gelbbrenner** wird das Öl mit einer Düse unter Druck zerstäubt. So bildet sich ein zündfähiges Luft-/Öl-gemisch. Konstruktionsbedingt kann das Öl nicht vollständig vergasen; die verbleibenden Öltröpfchen verbrennen unter Abgabe hellgelber Strahlung.

Beim **Blaubrenner** oder **Raketenbrenner** wird konstruktiv durch Rezirkulation der heißen Verbrennungsgase eine vollständige Vergasung des Öls erreicht. Das Gasgemisch verbrennt unter Abgabe blauer Strahlung. Der Vorteil ist die geringere Schadstoffemission sowohl beim Brennerstart (weniger Kohlenwasserstoffe) als auch im Dauerbetrieb (weniger Stickoxide). Dafür muss ein geringfügig höheres Betriebsgeräusch und ein etwas höherer Preis in Kauf genommen werden.

In modernen Öl-Gas-Gebläsekesseln kann auch Pflanzenöl verheizt werden. Die entsprechenden Gebläsebrenner sind nicht teurer als Ölbrenner, die Umstellung kostet jedoch ca. 2.000 €. Ob die Verbrennung von Pfanzenöl umweltfreundlicher ist als herkömmliches Heizöl, ist umstritten.

Öl-Niedertemperaturkessel lassen sich einfach auf Erdgas umrüsten: Der Ölbrenner muss lediglich durch einen Gasbrenner ersetzt werden. Das ist aber nur sinnvoll, wenn der Kessel nicht älter als 10 Jahre ist und mit einer witterungsgeführten Regelung ausgestattet ist.

Gasgebläsebrenner sind ähnlich aufgebaut wie die Ölzerstäubungsbrenner, wobei natürlich statt Öl- entsprechende Gasarmaturen verwendet werden. In Ein- und Zweifamilienhäusern sind Gas-Gebläsekessel selten im Einsatz.

Gas-Spezialkessel

Im Gegensatz zum eben beschriebenen Öl-/Gas-Gebläsekessel hat ein Gasspezialkessel einen so genannten **atmosphärischen Brenner**: Die im Kessel eingebauten Stab- oder Flächenbrenner arbeiten nach folgendem Prinzip: Das Brenngas saugt durch Injektionswirkung die notwendige Luft selbsttätig an. Nach einer Durchmischung tritt das Gas durch eingearbeitete Loch- oder Schlitzreihen an der Oberseite eines Rohres aus und verbrennt. Eine Umstellung von Flüssiggas auf Erdgas ist bei den meisten Geräten möglich. Notwendig ist lediglich der Austausch einiger Kleinteile (Brennerdüsen, etc.).

Gasthermen oder auch **Gas-Umlauferhitzer** sind kleiner und haben in der Regel einen geringeren Wasserinhalt als Standgeräte. Sie werden Platz sparend an der Wand befestigt und dienen zur Beheizung von Etagenwohnungen oder auch kleinen Einfamilienhäusern. Bei einer weiteren Bauform – Kombitherme genannt – ist zusätzlich eine Warmwasserbereitung nach dem Prinzip der Durchlauferhitzer integriert. Gasdurchlauferhitzer sind preiswerter als Kessel mit Speicher. Sie reagieren jedoch auf Druckschwankungen in der Leitung teilweise sehr stark und sind deshalb unkomfortabler als Speicher.

Ältere Gaskessel und Gasthermen geben ihre Abgase an einen Schornstein ab und sind **raumluftabhängig**: Das bedeutet, dass sie die Verbrennungsluft direkt aus den Räumen holen, in dem sie stehen. Dort entsteht ein Unterdruck, und man muss durch Türschlitze oder ein geöffnetes (Keller-) Fenster dafür sorgen, dass die Kessel mit genügend Frischluft versorgt werden. Wenn es in der Wohnung eine Dunstabzugshaube mit Abzug nach draußen gibt, besteht die Gefahr, dass Abgase aus der Heizung in die Wohnung gesaugt werden. Der Schornsteinfeger besteht dann darauf, dass die Geräte gegenseitig verriegelt sind: Die Dunstabzugshaube darf nur laufen, wenn die Heizungsanlage abgeschaltet wird und umgekehrt.

Alte atmosphärische Gaskessel belasten die Umwelt nicht nur durch den Ausstoß des Klimaschadstoffs Kohlendioxid, sondern zusätzlich durch Stickoxide (NO_x), die Sommersmog und Waldschäden verursachen. Durch eine Kühlung der Flammenzone können die Stickoxidemissionen jedoch deutlich unter den Grenzwert (80 mg/kWh) der Bundesimmissionsschutzverordnung abgesenkt werden. Die früher übliche Dauerzündflamme, die pro Jahr Gas im Wert von ca. 50–100 € verschwendet, ist bei neuen Kesseln durch eine vollautomatische elektrische Zünd- und Sicherheitseinrichtung ersetzt worden.

Die einfachen raumluftabhängigen Gasthermen sollten heute nicht mehr eingebaut werden, da sie für die gleiche Menge an Nutzwärme etwa 15 bis 20 % mehr Gas benötigen als Brennwertgeräte.

In Mehrfamilienhäusern sollten statt einzelner Thermen besser Zentralheizungen mit Brennwertkessel installiert werden. Ein zentraler Kessel hat folgende Vorteile gegenüber einzelnen Thermen:

- Ein zentraler Brennwertkessel ist wesentlich sparsamer als einzelne Thermen.
- Die Investitionskosten sind geringer.
- Die Gasgrund- und Schornsteinfegergebühren fallen nur einmal an statt je einmal in jeder Wohnung, das gleiche gilt für die Wartungskosten.
- Zukunfts-Technologien (Sonnenenergie, Holzpellets, Wärmepumpen, Blockheizkraftwerke und Brennstoffzellen) können eingebunden werden.

Die verbrauchsabhängige Heizkostenabrechnung ist mit modernen Wärmemengenzählern und Wasseruhren ebenso genau und komfortabel (auch per Fernablesung) möglich wie·mit Gasuhren. Die Kosten für den Wärmemessdienst sind weitaus geringer als die für die Gasgrund- und Schornsteinfegergebühren.

Energieverschwendung durch einen 30 Jahre alten Gaskessel

Abgasverlust
- Messung des Schornsteinfegers ist nur die Spitze des Eisbergs! **10 %**

Brennwerteffekt
- verschenkt: bei Heizöl 6 % und bei Erdgas 11 % **11 %**

Betriebsbereitschaftsverluste
- Gaskessel hat ständig brennende Zündflamme
- Kessel ist überdimensioniert und schlecht Wärme gedämmt
- Kellerfenster ist immer geöffnet **7 %**

Keine witterungsgeführte Regelung (Außentemperaturfühler)
- Kessel arbeitet auch bei mildem Wetter mit hoher Temperatur **12 %**

Mangelhaft gedämmte, veraltete Rohrleitungen **8 %**

Summe: **48 %**

Zusätzlich:
- **Stromverschwendung durch veraltete Pumpen:**
  500–1.000 kWh pro Jahr, entsprechend 100 bis 200 €

Wird dieser alte Kessel durch einen Brennwertkessel ersetzt und werden die Rohrleitungen gedämmt, ergibt sich eine Gaseinsparung von mindestens 30 %. Wird zusätzlich eine Solaranlage installiert, können es durchaus 50 % Einsparung sein!

Brennwertkessel

Brennwertkessel haben die höchste Brennstoffausnutzung bei geringen Schadstoffemissionen, da sie die Abgase bis weit unter den Taupunkt abkühlen. Meist wird dazu das kühlere Heizungsrücklaufwasser im Gegenstrom durch den Wärmetauscher geführt, damit der im Abgas vorhandene Wasserdampf kondensiert. Der Wirkungsgrad ist umso höher, je niedriger die Heizungsrücklauftemperatur ausfällt. Eine witterungsgeführte Kesseltemperaturregelung sowie großzügig ausgelegte Heizkörper oder Flächenheizkörper (Fußboden- und Wandheizungen) erhöhen den Wirkungsgrad.

Abbildung 6: Prinzip Brennwertkessel

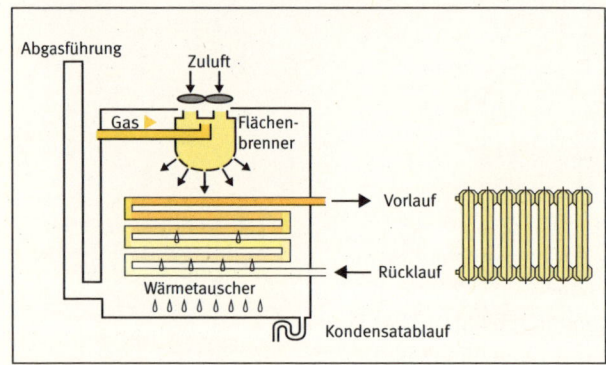

Raumluftunabhängige Brennwertgeräte sind so klein wie Gasthermen und hängen ebenfalls an der Wand. Von dem Gerät geht ein doppelwandiges Rohr (Luft-Abgas-System = LAS) nach draußen, am besten direkt durch das Dach. Durch das innere Rohr zieht das Abgas ab, und durch das äußere Rohr gelangt die Frischluft zum Kessel. Man kann das doppelwandige Rohr auch bis zum Schornstein führen. Im Schornstein gibt es dann ein einfaches Rohr. Der freie Raum zwischen Rohr und Schornsteinwandung reicht aus, um den Kessel mit Frischluft zu versorgen. Dabei findet noch eine Wärme-

Abbildung 7: Luft-Abgas-Systeme (nach Brötje)

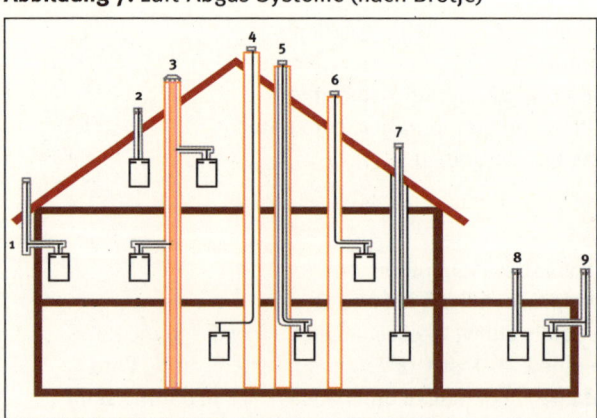

rückgewinnung statt: Das Abgas wird heruntergekühlt, die Frischluft vorgewärmt. Die raumluftunabhängige Betriebsweise hat große Vorteile:

- Die Schornsteinfegergebühren werden vermindert.
- Es gibt keine Konflikte mehr mit der Dunstabzugshaube.
- Der Wirkungsgrad des Gerätes steigt (Wärmerück-gewinnung).
- Das Kellerfenster kann geschlossen bleiben und Tür-schlitze sind überflüssig.
- Der Kessel erhält saubere Verbrennungsluft direkt von draußen.

In vielen Heizungsanlagen gibt es ein **Überströmventil** (Pfeil) zwischen Heizungsvorlauf (rechte Rohrleitung) und Heizungsrücklauf (links). Wenn alle Heizkörperventile ge-schlossen sind, soll das Überströmventil dafür sorgen, dass die Pumpe dennoch Wasser umwälzen kann. Viele Heizkessel benötigen diesen Zwangsumlauf, damit sie nicht überhitzen. Es kann also passieren, dass stunden- und tagelang heißes Wasser im Kreis geführt wird, ob-wohl im Haus überhaupt keine Wärme benötigt wird. Moderne Wärmeerzeuger mit genügend großem Wasser-inhalt benötigen keinen Zwangsumlauf, wenn „intelligen-te" drehzahlgeregelte (Hocheffizienz-)Pumpen eingebaut werden. Sie erkennen an den Druckverhältnissen in der Leitung, ob die Heizkörperventile geschlossen sind und vermindern entsprechend die Drehzahl und den Strom-verbrauch. Bei der Anschaffung eines neuen Wärme-erzeugers sollte man also darauf achten, dass kein Überströmventil erforderlich ist und das Gerät mit einer Hocheffizienzpumpe arbeitet. Eine erhebliche Einsparung an Strom, Heizenergie und Geräuschen ist die Folge. Der Einbau von Hocheffizienzpumpen wird von KFW und BAFA gefördert. Heute sollten nur noch drehzahlgeregelte Hocheffizienzpumpen (Effizienzklasse A) eingebaut wer-den (⋯→ Kapitel Heizungspumpen). Bei einer Heizungsmodernisierung stellt sich häufig die Frage, ob die vorhandenen Heizkörper für einen Brenn-wertkessel groß genug sind. Normalerweise sind sie es: Viele Heizkörper in älteren Gebäuden sind durch eine nachträglich vorgenommene Wärmedämmung (neue Fen-

Abbildung 8: Energie-vernichter Überströmventil

ster, Dachdämmung etc.) sowie die damals gültigen Normen überdimensioniert, so dass Brennwertgeräte im überwiegenden Teil der Heizperiode auch im wirtschaftlichen Kondensationsbetrieb arbeiten.

TIPP: Statt Geld für größere Heizkörper auszugeben, sollte besser in **Wärmeschutzmaßnahmen** investiert werden, da mit jeder zusätzlichen Dämmmaßnahme die Vorlauftemperatur abgesenkt werden kann. Der Wirkungsgrad des Brennwertkessels erhöht sich automatisch. Im Übrigen ist die Energieausnutzung durch einen Brennwertkessel auch dann noch höher als die eines Niedertemperaturkessels, wenn die Wasserdampfkondensation nicht mehr stattfindet.

Das am Wärmetauscher und im Abgasrohr anfallende Kondensat muss aus dem Kessel abgeführt werden. Das können bei einem Kessel mit einer Nennwärmeleistung von 20 kW schon mal 20 Liter pro Tag sein; übers Jahr kommen je nach Heiztemperaturen 2.000 bis 4.000 Liter zusammen. Bei Erdgas, Flüssiggas und schwefelarmem Heizöl ist dies in der Regel relativ unproblematisch: Bis maximal 25 kW kann das leicht saure Kondensat über einen entsprechenden Anschluss in das häusliche (alkalische) Abwasser eingeleitet werden. Einige Kommunen genehmigen auch größere Leistungen ohne Neutralisation des sauren Kondenswassers. Auskunft erteilt in der Regel das Bauamt oder die untere Wasserbehörde.

Abbildung 9: Vormisch-Flächenbrenner

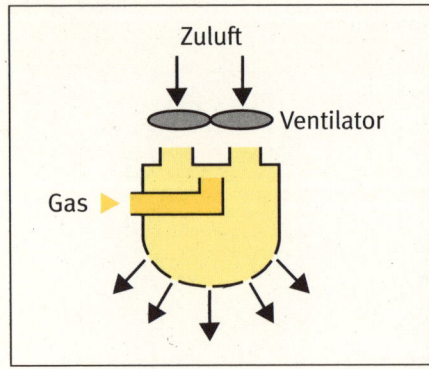

Bei der Installation im Keller muss bei höher liegendem Abwasserkanal gegebenenfalls eine Kondensathebepumpe eingebaut werden. Bei großen Kesselleistungen sowie bei Öl-Brennwertkesseln, die mit Standard-Heizöl betrieben werden, muss das Kondensat grundsätzlich neutralisiert werden.

Moderne Brennwertkessel haben **modulierende Brenner**: Je nach Wärmebedarf des Hauses arbeiten die Kessel mit daran angepasster Leistung. Beispiel: Bei hohem

Wärmebedarf liefert der Kessel 24 kW und bei geringem Bedarf nur 6 kW und damit nur 25 % der Nennleistung. Je größer dieser Modulationsbereich und je größer der Wasserinhalt von Kessel und Heizsystem, desto weniger häufig **taktet** der Kessel (an–aus–an–aus ...). Dadurch vermindern sich Schadstoffemissionen, Geräusche und Verschleiß. Kleinere Gaskessel haben Flächenbrenner, größere Gaskessel und Ölkessel dagegen Gebläsebrenner.

TIPP: Wenn man sich für einen der fossilen Energieträger Heizöl oder Erdgas entscheidet, sollte die Installation eines **Brennwertkessels** angesichts der ständig steigenden Energiepreise sowohl im Neubau als auch im Altbau **selbstverständlich** sein. Die Mehrkosten sind in der Regel relativ gering und amortisieren sich durch die eingesparte Energie in wenigen Jahren.

Bei der Öl-Brennwerttechnik ist das Verhältnis vom energetischen Nutzen zum technischen Aufwand weniger günstig als bei gasbefeuerten Geräten. Der Unterschied zwischen Heizwert und Brennwert, und damit auch der zusätzliche Energiegewinn, ist mit 6 % etwa nur halb so hoch wie der von Erdgas (11 %). Außerdem sind noch niedrigere Rücklauftemperaturen erforderlich, da der Taupunkt bei 47 °C liegt (Erdgas 56 °C). Wird Standard-Heizöl verwendet, werden außerdem hohe Anforderungen an die verwendeten Werkstoffe gestellt und eine Neutralisation ist zwingend erforderlich. Dadurch sind die Anlagen relativ teuer. Das sind die Gründe, warum Öl-Brennwertkessel sich erst in den letzten Jahren durchgesetzt haben. Neuere Kessel dürfen nur noch mit schwefelarmem Heizöl betrieben werden (⇢ S. 12).

Abbildung 10: Brennwertkessel mit Warmwasserspeicher

Seit einigen Jahren werden auch wandhängende Öl-Brennwertkessel mit modulierendem Brenner angeboten, die so klein wie Gasthermen sind. Da sie hermetisch abgedichtet und raumluftunabhängig sind, können sie nahe am Wohnbereich eingebaut werden.

Elektroheizungen

Elektroheizungen (nicht Wärmepumpen) sind von allen Heizanlagen die umweltschädlichsten und im Verbrauch teuersten Heizungsanlagen.

Nachtspeicheröfen haben einen Wärme gedämmten Kern, der nachts mit Niedrigtarifstrom aufgeheizt wird. Die Wärmeabgabe erfolgt teils statisch, also ungeregelt über die Oberfläche, und teils dynamisch über ein Gebläse. Der vom Elektrizitätsversorger gelieferte Tag- und Nachtstrom wird durch einen speziellen Zähler separat erfasst.

TIPP: Bis 1977 konnten Nachtspeicheröfen **Asbest** enthalten, während neuere Geräte asbestfrei sind. Wer noch die alten Geräte besitzt, sollte die genauen Typenbezeichnungen notieren und sich bei der Verbraucherberatung, beim Hersteller oder im Internet erkundigen, ob Asbestgefahr besteht.

Nachtspeichergeräte haben schwerwiegende Nachteile: Nachtstrom ist zwar etwas preisgünstiger als Tagstrom, aber im Vergleich zu anderen Energieträgern sehr teuer. Trotz elektronischer Speicherregelung ist es vor allem in der Übergangszeit schwierig, in der Nacht die Aufladung für die Temperaturen des folgenden Tages präzise zu steuern: Ist sie zu hoch, wird zuviel Wärme abgegeben; ist sie zu niedrig, muss mit teurem Tagstrom nachgeheizt werden. Störend sind auch der Geräuschpegel des Gebläseventilators sowie die hohe Luftumwälzung mit entsprechender Staubaufwirbelung.

Immer mehr Haushalte steigen deshalb um auf andere Heizsysteme. Aus Klimaschutzgründen fordert die Energieeinsparverordnung 2009 (EnEV 2009), dass Nachtspeicherheizungen nach 30 Jahren Betriebszeit unter Beachtung des Wirtschaftlichkeitsgebots außer Betrieb genommen werden müssen (ab 2020). Für die Umstellung sind Fördermittel erhältlich, z.B. bundesweit von der KFW (⸱⸱⸱→ Kapitel Adressen). Darüber hinaus fördern einige Bundesländer die Umstellung (Infos bei der Verbraucherzentrale). Gleichzeitig wird mit der neuen EnEV 2009 der Primärenergieverbrauch je m² Nutzfläche in Gebäuden um

30 % abgesenkt. Neue Häuser dürfen nicht mehr mit Elektroheizungen ausgestattet werden, es sei denn, es sind Passivhäuser mit äußerst geringem Heizwärmebedarf. Empfehlenswert ist ihr Einsatz aber auch dort nicht.

Direktheizgeräte: Wärme aus der Steckdose ist die denkbar schlechteste Lösung und sollte nur in seltenen Ausnahmefällen als kurzfristige Alternative in Frage kommen. Denn abgesehen von immensen Verbrauchskosten durch den hohen Tagstromtarif besteht hier vor allem in Altbauten auch noch die Gefahr, dass Kabel überlastet werden und sogar Brände entstehen können.
Dubiose Firmen bieten häufig über Postwurfsendungen Elektroheizungen mit verschnörkelten Kacheln an, die angeblich sehr sparsam sind. Aus physikalischen Gründen verbrauchen diese oft völlig überteuerten Geräte jedoch genauso viel Strom (für die gleiche Menge an Wärme) wie einfache Ölradiatoren oder Heizlüfter.
Dasselbe gilt für die sog. **Marmorheizung**. Auch sie ist nur eine simple, gut verpackte Elektroheizung und nicht besser als ein Ölradiator.

Kraft-Wärme-Kopplung und Blockheizkraftwerke (BHKW)

Bei der Stromerzeugung in einem Großkraftwerk entstehen gigantische Mengen Abwärme, mit der man bequem eine Großstadt beheizen könnte. Allerdings müsste das Großkraftwerk dann mitten in der Stadt stehen, weil die Verteilung der Wärme sehr teuer ist.
Besser ist es, wenn der Strom dezentral in kleinen Einheiten produziert wird, z.B. in Blockheizkraftwerken (BHKW). Dabei treibt ein Verbrennungsmotor (Auto-, LKW-, Schiffsmotor) einen Generator an. Der Generator liefert Strom ins öffentliche Stromnetz. Die Abwärme des Motors wird der Hausheizung zugeführt, so dass über diese Kraft-Wärme-Kopplung Wirkungsgrade von 90 % und mehr erreicht werden, während Großkraftwerke nur 30 bis 45 % schaffen (Abbildung 3). Die Verbrennungsmotoren werden mit Erdgas, Heizöl (= Diesel), Biogas oder Pflanzenöl angetrieben.

Neuerdings sind auch BHKW mit **Stirling-** und **Linearmotoren** erhältlich: Im Gegensatz zu normalen Otto- und Dieselmotoren findet bei ihnen die Verbrennung außen statt. Das hat den Vorteil, dass nahezu jede Wärmequelle mit hoher Temperatur zur Stromerzeugung genutzt werden kann, z.B. Pellet- und Holzheizungen aber auch Sonnenwärme aus konzentrierenden Kollektoren. Letztere sind allerdings nur in Ländern mit hoher Sonneneinstrahlung brauchbar. Aktuell (September 2009) sind erste Mini-BHKW auf dem Markt, die mit Holzpellets betrieben werden.

BHKW sind meistens Wärme geführt, d.h. immer wenn Wärme benötigt wird, springt der Motor an und erzeugt nebenbei Strom, quasi als Abfallprodukt. Die kleinsten BHKW, die angeboten werden, haben etwa 1 kW elektrische und 5–10 kW thermische Leistung. Teilweise arbeiten die Geräte modulierend, d.h. die Wärmeleistung kann zwischen etwa 2 und 10 kW variieren, je nach Wärmebedarf. Entsprechend variiert dann auch die elektrische Leistung etwa zwischen 1 kW und 5 kW. Die Investitionskosten liegen in der Regel mindestens bei 25.000 €.

Da normale Einfamilienhäuser in den Sommermonaten nur einen äußerst geringen Wärmebedarf (Warmwasserbereitung) haben, stehen die Maschinen in solchen Häusern in dieser Zeit fast immer still. Übers Jahr schaffen die Maschinen dann nicht mehr als etwa 1.500 bis 2.000 Vollbetriebsstunden. Wirtschaftlich interessant werden BHKW jedoch meist erst, wenn sie mindestens 5.000 Stunden im Jahr in Betrieb sind, wobei ein Jahr 8.760 Stunden hat. In Mehrfamilienhäusern, Häusern mit Schwimmbad und anderen Gebäuden, in denen im Sommer ein relativ hoher Wärmebedarf vorliegt sind BHKW meist sehr interessant.

Während ein BHKW mechanisch funktioniert, wird der gleiche Effekt mit einer **Brennstoffzelle** auf chemischem Wege erreicht. Von Fachleuten wird den Brennstoffzellen, der chemischen Kraft-Wärme-Kopplung, eine große Zukunft vorausgesagt. Sie funktionieren umgekehrt wie die vielleicht besser bekannten Elektrolyseure: Durch Elektrolyse kann man bei Einsatz von Strom Wasser in Wasserstoff und Sauerstoff zerlegen, wobei der Wasserstoff gespeichert werden kann. Optimal geeignet ist dafür z.B. überschüssiger Sonnen- und Windstrom.

Führt man in Brennstoffzellen Wasserstoff und Luft (Sauerstoff) zusammen, entstehen nahezu lautlos und mit hohem Wirkungsgrad Strom und Wärme (chemische Kraft-Wärme-Kopplung) und Wasser. Da dabei nahezu keine Schadstoffe entstehen, wird Wasserstoff ein bedeutender Energieträger der Zukunft sein.

Wasserstoff aus erneuerbaren Quellen gibt es zurzeit (fast) noch nicht. Deshalb werden Brennstoffzellen (zunächst) mit Erdgas betrieben, um Strom und Wärme zu produzieren. Umfangreiche Feldtests haben gezeigt, dass die Geräte noch zu störanfällig und zu groß sind, um sie in Einfamilienhäusern anstelle von Gasheizungen einzubauen. Experten rechnen jedoch damit, dass sie in ca. zehn Jahren marktreif sind, im Automobilbau zum Antrieb von Autos vermutlich schon früher.

Die Novellierung des Kraft-Wärme-Kopplungsgesetzes (KWK-Gesetz), das am 1.1.2009 in Kraft trat, hat die Wirtschaftlichkeit von kleinen BHKW bis 50 kW elektrischer Leistung wesentlich verbessert. Die Vergütung für den elektrischen Strom setzt sich danach folgendermaßen zusammen:

- KWK-Zuschlag: Für jede eingespeiste oder selbst verbrauchte Kilowattstunde Strom bekommt der Betreiber 10 Jahre lang einen Zuschlag von 5,11 Cent.
- Jedes Quartal wird der „übliche Preis" für die Kilowattstunde Strom anhand des Baseloadpreises der Leipziger Strombörse EEX neu ermittelt und vergütet. Diesen Preis findet man im Internet unter www.eex.com/de (kwk-Index Deutschland) oder beim Bundesverband Kraft-Wärme-Kopplung unter www.bkwk.de/bkwk/infos/preis. Für das 1. Quartal 2009 wird dort angegeben: 47,35 Euro/MWh = 4,735 Cent je kWh.
- Vermiedene Netznutzungskosten: Je nach Energieversorger wird ein bestimmter Betrag zwischen 0,4 und 1,5 Cent je kWh gezahlt. Im Bereich der EWE AG sind es z.B. 0,8 Cent je kWh.
- Mineralölsteuerrückerstattung oder Erdgassteuerrückerstattung: Der Brennstoff für BHKW ist steuerbefreit. Die Rückerstattung beträgt 6,135 Cent je Liter Heizöl oder 0,55 Cent je kWh Erdgas.

Formulare zur Rückerstattung gibt es beim zuständigen Hauptzollamt.

Daraus errechnet sich ein Grundpreis beim Einsatz von Erdgas von 11,195 Cent je kWh.

Wird das BHKW aus nachwachsenden Rohstoffen (NAWARO) betrieben, z.B. Biogas, Rapsöl oder Holzpellets, errechnet sich der Strompreis nach dem Erneuerbaren Energien Gesetz (EEG) wie folgt:

* Grundvergütung 11,67 Cent je kWh (Anlagen bis 150 kW)
* Bonus für innovative Technik (Stirling oder Brennstoffzelle): 2 Cent je kWh
* Bonus für NAWARO: 6 Cent je kWh
* Bonus für Kraft-Wärme-Kopplung: 3 Cent je kWh.

Wird also ein Stirling-BHKW mit Holzpellets betrieben, ergeben sich 22,67 Cent je kWh.

Des Weiteren wird die Investition in ein BHKW vom Bundesamt für Wirtschaft und Ausfuhrkontrolle (Bafa) sowie von der Kreditanstalt für Wiederaufbau (KFW) durch Zuschüsse und zinsgünstige Darlehen gefördert.

Abbildung 11: Klein-BHKW mit technischen Daten

Elektrische Leistung	5,4 kW
Thermische Leistung	12,5 kW
Mit Brennwertnutzung	14,7 kW
Gasaufnahmeleistung	22,8 kW
Wirkungsgrad elektrisch	23,7 %
Wirkungsgrad thermisch	64,5 %
Gesamtwirkungsgrad	88,2 %

Dimensionierung einer Heizungsanlage

Um herauszufinden, welche Leistung ein neues Heizgerät bringen muss, sollte man den Wärmebedarf des Hauses kennen, der vom Wärmeschutz und der Wohnfläche abhängt. Bitte prüfen Sie anhand Tabelle 3, wo Ihr Gebäude einzuordnen ist. Die Zahlen können nur Anhaltswerte sein; bei der Umsetzung ist eine Berechnung durch den Heizungsinstallationsbetrieb oder ein Ingenieurbüro nach DIN EN 12831 notwendig.

Im Gegensatz zu Altanlagen, die oft 50 bis 100 % überdimensioniert sind, wirkt sich bei neuen Brennwertkesseln eine geringe Überdimensionierung kaum negativ aus; der Wirkungsgrad steigt sogar. Nachteilig ist jedoch das häufigere Takten (an–aus–an–aus ...), auch wenn heutige Geräte mit modulierender Leistung fahren. Deshalb sollten auch Brennwertkessel nicht überdimensioniert werden. Bei Wärmepumpen steigen die Kosten mit zunehmender Heizleistung ganz erheblich an (---> Kapitel Wärmepumpen).

Der Warmwasserspeicher einer Heizungsanlage sollte mindestens für einen Tagesbedarf reichen, d.h. etwa 30 Liter je Person und Tag. In mangelhaft gedämmten Wohngebäuden werden etwa 80 % des Wärmebedarfs für die Beheizung und 20 % für die Warmwasserbereitung aufgewendet, so dass aus dem Heizwärmebedarf die Kesselleistung bestimmt wird. Dagegen kehrt sich dieses Verhältnis bei hochgedämmten Gebäuden um, und die Kesselleistung orientiert sich am Wärmebedarf für die Warmwasserbereitung.

Tabelle 3: Leistungswärmebedarf in Watt pro m² Wohnfläche bei Häusern, deren Wärmeschutz im ursprünglichen Zustand ist

Haustyp	vor 1978[1]	1978-1983[1]	1984-1994	ab 1995	NEH[2]
Einfamilienhaus	130	115	90	70	unter 45
Reihenhaus	110	100	80	55	unter 45
Mehrfamilienhaus	100	90	70	55	unter 45

1 Isolierverglasung vorausgesetzt!   2 Niedrigenergiehaus

Lesebeispiel: Reihenmittelhaus, Baujahr 1975, Wohnfläche 142 m²: Die einfachverglasten Fenster sind durch isolierverglaste ersetzt worden. Der überschlägige Wärmebedarf des Gebäudes beträgt demnach ca. 110 W/m² multipliziert mit 142 m² – also 15.620 Watt bzw. knapp 16 kW. Wie der Tabelle zu entnehmen ist, liegt der Wärmebedarf älterer Gebäude mit mangelhaftem Wärmeschutz zwei- bis dreifach über dem von neueren Häusern.

TIPP: In neueren Einfamilienhäusern liegt der Leistungs-wärmebedarf für die Beheizung meist deutlich unter 10 kW, d.h. es kann ein sehr kleiner Kessel oder eine sehr kleine Wärmepumpe installiert werden. Soll die Warmwas-serbereitung ebenfalls mit dieser Heizungsanlage betrie-ben werden, ist ein Speicher mit etwa 30 Liter pro Person (Tagesvorrat) erforderlich. Wenn aus Platz- oder Kosten-gründen eine Speicherung nicht möglich ist, muss ein Kes-sel mit mindestens 20 kW gewählt werden, um z.B. eine Dusche mit warmem Wasser dauerhaft zu versorgen.

Heizsysteme im Leistungsvergleich

Der Jahresnutzungsgrad bezeichnet das Verhältnis von eingesetztem Brennstoff zur Nutzwärme, einschließlich der Abgas- und Stillstandsverluste, jedoch ohne Rege-lungs- und Rohrnetzverluste. Bei der Primärenergieaus-nutzung werden auch die Verluste berücksichtigt, die bei Gewinnung, Aufbereitung und Transport der konventio-nellen Energieträger (Kohle, Erdgas, Erdöl, Uran) entstehen. Elektroheizungen sollten der Vergangenheit angehören ebenso wie offene Kamine, die den regene-rativen Brennstoff Holz verschleudern (⋯⋗ Tabelle 4).

Tabelle 4: Jahresnutzungsgrad (Schätzung) verschiedener Heizsysteme

Heizsystem	Baujahr	Nutzungsgrad in % (bzgl. Brennwert)	Primärenergie-Ausnutzung in %
Heizöl-Gebläsekessel [1]	Vor 1978	71	62
Erdgas-Spezialkessel [1]	Vor 1978	63	53
Niedertemperaturkessel Öl/Gas	neu	83	75
Brennwertkessel Öl/Gas	neu	94	86
Elektro-Nachtspeicherofen	neu	98	33
Pelletkessel	neu	80	regenerativ
Holzvergaserkessel	neu	70	regenerativ
Kachelofen [1]	neu	60	regenerativ
Kaminofen	neu	60	regenerativ
Offener Kamin	neu	10	regenerativ

1 Durchschnittswerte abgeleitet nach VDI 2067

3. Sonnenenergie
Strom und Wärme ohne Ende

Grundlagen

Die Sonne ist (mit Ausnahme der Geothermie) die einzige Energiequelle, die dauerhaft und praktisch ohne Schadstoffbelastung verfügbar ist. Eine Stunde Sonnenenergie könnte die Menschheit ein ganzes Jahr lang versorgen. In sechs Monaten schickt die Sonne mehr Energie auf unsere Erde, als in allen Energiereserven (Kohle, Erdöl, Erdgas und Uran) gespeichert ist.

Kein Zweifel: Die Sonne ist die Energiequelle der Zukunft! Und die Zukunft hat schon längst begonnen: Die Solarindustrie boomt mit jährlichen Wachstumsraten von 30 bis 50 % nicht nur in Deutschland, sondern weltweit.

Nach Deutschland liefert die Sonne etwa 80-mal so viel Energie, wie wir brauchen. Während Süddeutschland pro Jahr mit etwa 1.100 kWh je m² Bodenfläche beglückt wird – halb so viel wie die Sahara verkraften muss – sind es in Norddeutschland „nur" 900 bis 1.000 kWh. Doch das entspricht immer noch dem Energieinhalt von 100 Litern Heizöl bzw. 100 m³ Erdgas auf jeden Quadratmeter!

Davon können 10 bis 50 % mit aktueller Solartechnik geerntet werden.

Ein gewisser technischer Aufwand muss betrieben werden, um ein Haus fit für die Sonnenenergienutzung zu machen. Dazu gehört im Vorfeld vor allem die Minimierung des Energieverbrauchs.
Zunächst ist zwischen elektrischer und thermischer Nutzung der Sonnenenergie zu unterscheiden:

- Die **elektrische Nutzung** zur Stromerzeugung durch Fotovoltaikanlagen (siehe Exkurs).
- Die **thermische Nutzung** zur Warmwasserbereitung und zur Heizungsunterstützung; für ein Einfamilienhaus genügt bereits eine Fläche von 3 bis 15 m² auf dem Süd-, Südost- oder Südwestdach.

Exkurs: Strom von der Sonne (Photovoltaik oder auch Fotovoltaik)

Der so genannte photovoltaische Effekt wurde bereits im Jahre 1839 von Becquerel entdeckt. Dabei handelt es sich um die Stromerzeugung durch Licht, das auf einen Halbleiterkristall trifft. Am meisten verbreitet mit einem Marktanteil von etwa 90 % sind Solarzellen aus dem Halbleiter Silizium, dem zweithäufigsten Element der Erdkruste. Den restlichen Marktanteil liefern Solarzellen aus den Halbleitern Galliumarsenid (GaAs), Cadmiumtellurid (CdTe), Kupfer-Indium-Diselenid (CIS) u.a.

Man unterscheidet in der Regel zwischen folgenden Zelltypen:
- **Monokristalline Zellen aus Silizium** (Abb. 12)
Dazu züchtet man aus einer Schmelze hochreinen Siliziums einen runden Einkristallstab, der in dünne Scheiben zerschnitten wird. Die runden Scheiben werden begradigt, damit möglichst viele Zellen auf einer bestimmten Fläche Platz finden können. Die Zellen werden mitein-

Abbildung 12: Monokristalline Solarzellen werden aus runden Einkristallen hergestellt

ander verbunden, so dass Module mit Nennleistung-
en von z.B. 200 Watt und 36 Volt entstehen. Monokristalline Solarmodule haben hohe Wirkungsgrade
von 14 bis 20 % und einen Marktanteil von rund 35 %.
Nachteilig sind ihre hohen Kosten und ein relativ hoher Energieaufwand zur Herstellung.

- **Multi- oder polykristalline Zellen aus Silizium** (Abb. 13)

Aus einer Siliziumschmelze werden
rechteckige Zellen gegossen. Der
Modulwirkungsgrad liegt bei 12 bis
15 %. Die Module sind preisgünstiger
in der Herstellung und haben deshalb einen Marktanteil von rund
55 %. Die Schichtdicke dieser Zellen
liegt bei 100 Mikrometer (0,1 mm),
wie auch die der monokristallinen
Zellen.

Abbildung 13: Poly- oder multikristalline
Solarzellen bestehen aus rechteckigen Zellen,
ihre Kristalle glitzern in der Sonne

- **Dünnschichtzellen aus amorphem Silizium, GaAs
oder CdTe**

Dünnschichtzellen haben nur Schichtdicken von
10 Mikrometer (0,01 mm) oder weniger und können
z.B. auf Glas oder Kunststoffbahnen aufgedampft
werden. Damit sind auch flexible Solarzellen herstell-
bar. Sie sind relativ preisgünstig, wo-
bei ihr Wirkungsgrad allerdings nur
bei 10 % oder weniger liegt, so dass
die Stromausbeute vom Hausdach
entsprechend geringer ist. Interessant sind sie auf sehr großen (Indus-
trie-)Dächern mit geringer Neigung
und Stabilität. Als Kunststoffbahnen
können sie einfach ausgerollt werden. Während kristalline Module nur
bei südlicher Orientierung akzepta-

Abbildung 14: Amorphe Solarmodule gibt es
auch in elastischer Form

ble Ergebnisse liefern, bringen Dünnschichtzellen bei
geringfügig geneigten Dächern auch auf Ost-, West-
oder gar Nord-orientierten Dachflächen noch befriedi-
gende Erträge.

Dünnschichtzellen haben einen Marktanteil von etwa 10 %, wovon die amorphen Siliziumzellen (Abb. 14) den Löwenanteil übernehmen.

Dünnschichtzellen aus Cadmium-Tellurid sind nicht unumstritten, da Cadmium ein giftiges Schwermetall ist. Zwar ist das Cadmium chemisch stabil gebunden, doch bei einem Brand kann es gefährlich werden.

Kristalline Solarzellen bestehen aus zwei aufeinander liegenden Schichten. Auf den Außenseiten befinden sich Kontakte, die aus Metall bestehen. Da die beiden Silizium-Schichten mit unterschiedlichen Stoffen wie Bor und Phosphor versetzt sind, haben sie unterschiedliche elektrische Eigenschaften und in der so genannten Grenzschicht entsteht ein elektrisches Feld. Fällt Licht auf die Grenzschicht, lösen sich Elektronen aus der Kristallbindung und bewegen sich in Richtung Pluspol, also z.B. von der Vorderseite des Kristalls auf die Rückseite. Der Strom kann dann beispielsweise eine Glühlampe zum Leuchten bringen.

Tabelle 5: Vergütung für Solarstrom von Anlagen auf Hausdächern und im Freiland

Jahr der Inbetrieb-nahme	Bis 30 kW Cent je kWh	Ab 30 kW Cent je kWh	Ab 100 kW Cent je kWh	Ab 1000 kW Cent je kWh	Freiflächen Anlagen Cent je kWh
2009	43,01	40,91	39,58	33,00	31,94
2010	39,57	37,64	35,62	29,70	28,75
2011	36,01	34,25	32,42	27,03	26,16

Das Erneuerbare-Energien-Gesetz (EEG) verpflichtet die Stromversorger, den sauberen Sonnenstrom vom Hausdach 20 volle Jahre lang plus Installationsjahr mit 43,01 Cent je kWh zu vergüten, sofern die Anlage noch 2009 in Betrieb geht und kleiner ist als 30 kW (⋯⋙ Tabelle 5). Wird sie erst 2010 ans Netz angeschlossen, gibt es 20 Jahre lang 38,71 Cent je kWh.

Bisher musste der produzierte Strom komplett verkauft werden. Nach dem novellierten EEG kann man den Sonnenstrom nun auch selbst nutzen und erhält 25,01 Cent je kWh, wenn die Anlage 2009 in Betrieb geht.

Bei Inbetriebnahme 2010 gibt es 8 % weniger. Da der selbst genutzte Strom den Bezug von Strom (20 Cent je kWh) ersetzt, ist die Selbstnutzung sogar noch interessanter als die Kompletteinspeisung: Man erhält dann 45,01 Cent je kWh statt 43,01 Cent (2009). Nachteil: Man benötigt drei Stromzähler oder einen einfachen und einen Doppeltarifzähler.

Eine Anlage mit 7 bis 9 m² Fläche auf dem Süddach liefert bei optimaler Sonneneinstrahlung und klarem Himmel eine Leistung von etwa 1.000 W oder 1 kW. Das ist die Spitzenleistung (peak, Abk.: p). Auf ein Jahr gerechnet, kann man pro kWp einen Energieertrag von 900 (Nord-) bis 1.000 kWh (Süddeutschland) Stromproduktion erwarten (bei Südlage, ohne Verschattung).

Mit einer Fläche von 40 bis 45 m² (5 kWp) kann man etwa so viel Strom erzeugen, wie in einem 4-Personen Haushalt jährlich verbraucht wird. Der Umwelt bleiben jährlich rund 3 Tonnen Kohlendioxid erspart. Eine solche Anlage kostet zurzeit etwa 15.000 bis 18.000 Euro ohne MWSt und bringt einen jährlichen Stromertrag von 4.500 kWh oder 1.800 Euro. (Die Mehrwertsteuer erhalten Privatpersonen vom Finanzamt zurück, wenn sie die Anlage dort als Unternehmen anmelden). Die Hersteller gewähren eine (Leistungs-)Garantie auf die Module von bis zu 25 Jahren, so dass mit einer sehr langen Lebensdauer zu rechnen ist. Nach Ablauf der 20 Jahre mit der Vergütung nach dem EEG kann die Anlage noch viele Jahre kostenlosen und sauberen Sonnenstrom vom Dach liefern.

Je größer die Anlage ist, desto wirtschaftlicher ist sie. Im Gegensatz zu thermischen Solaranlagen, die im Sommer meist Überschüsse produzieren, gibt es diese bei Solarstromanlagen nicht. Sämtlicher Strom wird verkauft. Geeignet sind alle (unverschatteten) Dächer zwischen Südost und Südwest mit bis zu 60 Grad Dachneigung. Weitere Informationen (⋯◦ Kapitel Adressen) zum Thema Solarstrom erhalten Sie bei der Energieberatung Ihrer Verbraucherzentrale.

Abbildung 15: Stromverbrauch im 3–4 Personenhaushalt pro Jahr (4.290 kWh; rote Fläche) und Solarstromproduktion bei verschiedenen Generatorgrößen

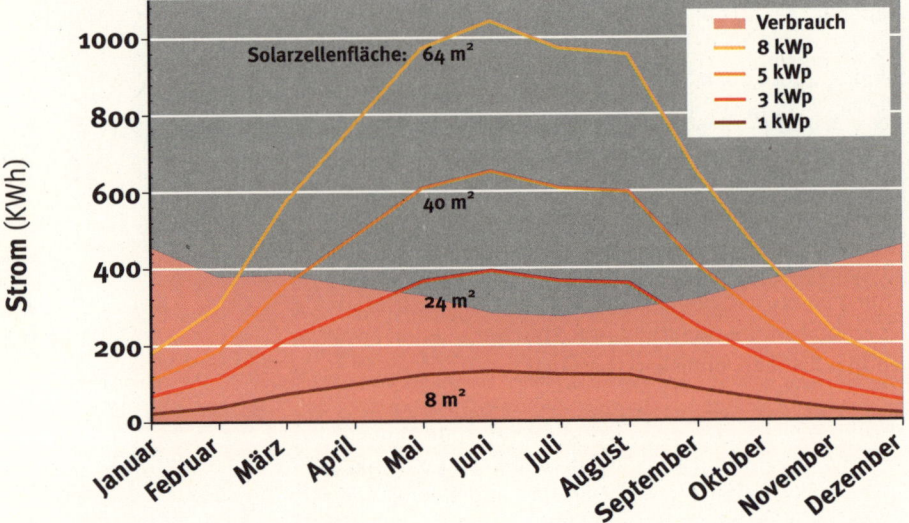

Sonnenenergie für Warmwasser

Der günstigste Zeitpunkt zum Einbau einer thermischen Solaranlage ist eine Sanierung oder der Austausch einer Heizungsanlage, weil dann – zumindest bei zentraler Warmwasserbereitung – ohnehin ein neuer Warmwasserspeicher erforderlich ist. Bei denkmalgeschützten Gebäuden gibt es unter Umständen Auflagen für die Installation. Bitte fragen Sie beim Bauamt nach.

Die Umwandlung von Sonnenenergie in nutzbare Wärme geschieht durch einen Sonnenkollektor. Er besteht im Wesentlichen aus einem schwarzen Blech und einem damit verbundenen Rohr (Absorber), das von einem Gemisch aus Wasser und Frostschutzmittel durchflossen wird. Über dem Absorber befinden sich eine Glasscheibe und darunter eine Wärmedämmschicht. Eine spezielle (selektive) Beschichtung des Absorbers, die Glasscheibe und die Dämmschicht sorgen dafür, dass das Licht auf das Blech trifft, die dadurch erzeugte Wärme aber nicht mehr entweichen kann.

Die auf dem Dach gesammelte Wärme wird über einen Wärmetauscher an einen Speicher abgegeben. Die höchste Leistung wird natürlich bei direkter Sonneneinstrahlung erzielt, aber auch eine diffuse Strahlung bei bedecktem Himmel erzeugt durchaus noch nutzbare Wärme.

Optimal geeignet sind Dachflächen mit Neigungen bis 60 Grad und Ausrichtungen nach Südost bis Südwest. Bei einer reinen Ost- oder Westausrichtung vermindert sich der Ertrag um etwa 30 %. In diesem Fall kann die Kollektorfläche – bei entsprechenden Mehrkosten – um 30 % vergrößert werden. Auch Flachdächer und Hausfassaden sind nutzbar, wenn ein Gestell für die optimale Ausrichtung der Kollektoren installiert wird.

Bei den Kollektoren gibt es unterschiedliche Bauformen. Die größte Bedeutung haben **Flachkollektoren**, die sozusagen der Standard sind und ein günstiges Preis-Leistungs-Verhältnis besitzen. **Vakuumröhrenkollektoren** (evakuierte Glasröhren) kosten etwa das Doppelte, bringen jedoch auch meist eine um 30 bis 50 % höhere Ausbeute pro m² Fläche. Dieser Mehrertrag lässt sich allerdings billiger durch eine größere Flachkollektorfläche erzielen. Röhrenkollektoren lohnen sich deshalb nur bei einer begrenzten Dachfläche und evtl. zur Heizungsunterstützung in Niedrigenergiehäusern.

Abbildung 16: Kennlinien verschiedener Kollektortypen

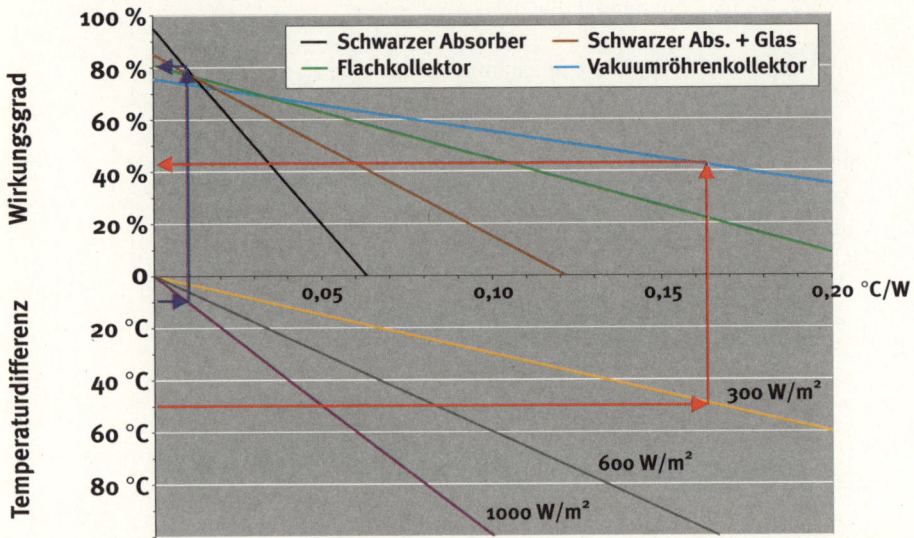

Welcher Kollektortyp ist richtig?

Die Abbildung 16 zeigt die Kennlinien verschiedener Kollektoren. Interessiert man sich z.B. für die Erwärmung von Schwimmbadwasser im Sommer so genügt ein schwarzer Absorber (Kunststoffmatte), um gute Erträge zu erzielen. Das Wasser ist beispielsweise 15 °C warm und man will es bei starker Sonneneinstrahlung (1000 W/m²) auf 25 °C erwärmen. Im Mittel ist es 20 °C warm. Beträgt die Außentemperatur 30 °C, so beträgt die Temperaturdifferenz zwischen Wasser und Luft 10 °C. Folgt man den blauen Pfeilen, so erkennt man, dass ein einfacher und billiger Absorber, z.B. aus Kunststoff unter diesen Bedingungen einen Wirkungsgrad von mehr als 80 % hat. Ist das Wasser im Kollektor 50 °C warm (z.B. Heizungswasser), die Außenluft 0 °C kalt (Winter), und ist die Sonneneinstrahlung eher schwach (300 W/m²; heller Wintertag), so ist solch ein einfacher Absorber schon längst nicht mehr zu gebrauchen. Ein Flachkollektor käme dann noch auf 20 % und ein Röhrenkollektor auf mehr als 40 % Wirkungsgrad (rote Pfeile).

Der Grafik kann man entnehmen, dass die Stärken von guten Kollektoren erst im Winter bei schwächerer Sonneneinstrahlung richtig zur Geltung kommen. Ein Röhrenkollektor nur für die Schwimmbaderwärmung im Hochsommer ist jedoch „wie Perlen vor die Säue werfen".

Abbildung 17: Solaranlage zur Trinkwassererwärmung

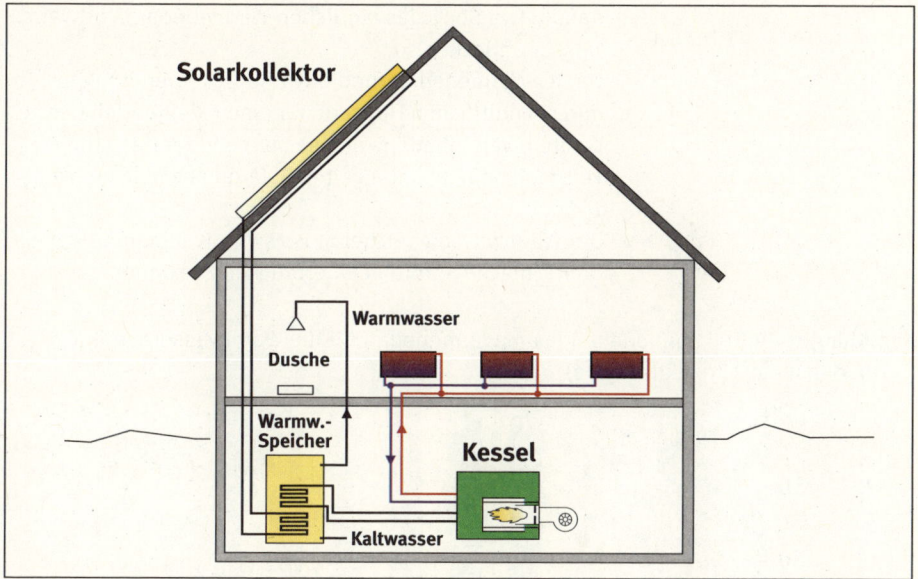

Da man aus Solaranlagen in den Sommermonaten warmes Wasser im Überfluss hat, ist es auch sinnvoll die Waschmaschine und die Geschirrspülmaschine an das Warmwassernetz anzuschließen (---> Kapitel Warmwasserbereitung).

TIPP:
- Wir empfehlen den Einbau eines Wärmemengenzählers in den Solarkreislauf. Nur so können Sie herausfinden, ob Ihre Anlage gut arbeitet. Eine Solaranlage ohne Wärmemengenzähler ist wie ein Auto ohne Kilometerzähler. Der Preis von 200 bis 300 € für den Wärmezähler ist gut angelegtes Geld.

• Es ist sehr empfehlenswert, den Heizkessel in den Sommermonaten komplett per Hand abzuschalten. Dadurch bekommen Sie ein Gefühl dafür, was die Anlage leistet und leisten muss.

Installiert man auf dem Dach eines 4-Personenhaushalts etwa 4 m² Röhrenkollektoren oder 6 m² Flachkollektoren und dazu einen 300 bis 400 Liter Speicher, so kann man damit etwa 60 % des jährlichen Wärmebedarfs für Warmwasser abdecken.

Da der Wärmebedarf für die Warmwasserbereitung in durchschnittlichen Häusern nur einen kleinen Teil des gesamten Wärmebedarfs ausmacht, geht der Gas- und Ölverbrauch durch Einbau einer Solaranlage meist um 7 bis 15 % zurück.

Der Warmwasserspeicher muss so groß sein, um zwei bis drei Schlechtwettertage überbrücken zu können.

Abbildung 18: Anteil Sonnenenergie am Wärmebedarf für die Warmwasserbereitung (4 Personen, 6 m² Kollektorfläche)

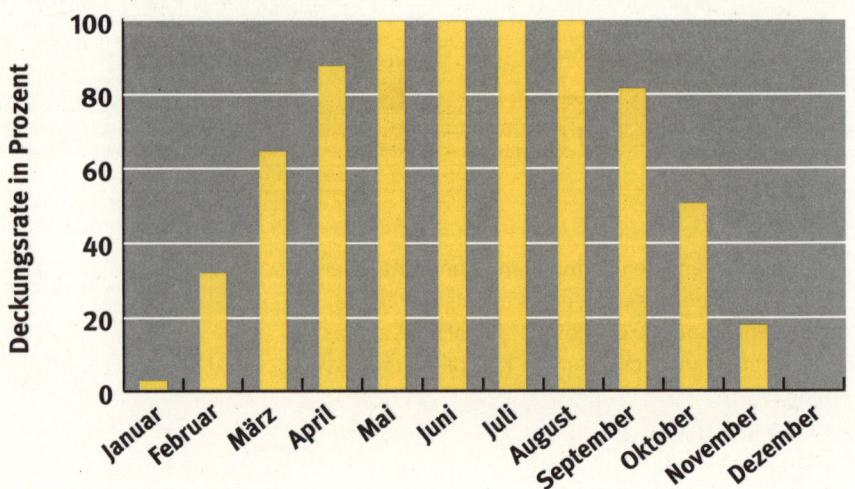

Wie Abbildung 18 zeigt, liefert die Sonne beispielsweise im März rund 65 % der Wärme, die für die Warmwasserbereitung benötigt wird. Die restlichen 35 % muss die Heizung liefern. In den Sommermonaten kann der Heizkessel völlig abgeschaltet werden, weil die Solaranlage die Warmwasserbereitung komplett übernimmt. Dies gilt selbst in verregneten Sommern, denn auch dann gibt es sonnige „Lichtblicke". In den Monaten Dezember und Januar schafft die Anlage dagegen praktisch nur eine Vorwärmung des kalten Trinkwassers von 10 auf vielleicht 15 °C. Aber in dieser Zeit läuft der Heizkessel ohnehin auf Hochtouren und sorgt quasi nebenbei mit hohem Wirkungsgrad auch noch fürs warme Wasser. Pro m² Kollektorfläche lässt sich – je nach Bauart und Heizungsanlage – übers Jahr eine Wärmemenge im Gegenwert von 400 bis 600 kWh sammeln. Wenn man den Wirkungsgrad des Heizkessels noch berücksichtigt – und der ist im Sommer meist sehr gering (30 bis 50 %) –, ergibt sich eine Gaseinsparung von 50 bis 100 m³ (oder 500 bis 1.000 kWh) bzw. eine Öleinsparung von 50 bis 100 Liter je m² Kollektorfläche.

Sonnenenergie für Heizung und Warmwasser

Während es für das Brauchwasser über das ganze Jahr hinweg einen ziemlich konstanten Wärmebedarf gibt, fallen Solarangebot und Wärmebedarf für die Heizung weit auseinander: Der Heizwärmebedarf ist ausgerechnet dann am höchsten, wenn das Solarangebot am niedrigsten ist – und umgekehrt (⋯⋗ Abbildung 19 auf S. 50). Deshalb ist Heizen mit Solarenergie relativ aufwändig. Bei Gebäuden mit gutem Wärmeschutz bzw. bei Neubauten nach neuer Energieeinsparverordnung (2009) lassen sich mit etwa 10 bis 15 m² Kollektorfläche bis zu 35 % des noch verbleibenden Energiebedarfs für Heizung und Warmwasser abdecken, in sehr gut gedämmten Passivhäusern sogar bis zu 70 %. In schlecht gedämmten Altbauten ist der Heizwärmebedarf etwa dreimal so hoch wie in heutigen Neubauten. Dem entsprechend würde hier eine Solaranlage nur eine Einsparung von 10 bis 15 % bringen. Investiert man die gleiche Menge Geld zunächst in Wärmedämmung, lässt sich meistens die doppelte bis dreifache Menge Energie einsparen (⋯⋗ Kapitel Exkurs Wärmedämmung).

Abbildung 19: Anteil Sonnenenergie am Wärmebedarf für Heizung und Warmwasser im Neubau (130 m² Wohnfläche, 4 Personen, 12 m² Kollektorfläche, 750 Liter Speicher)

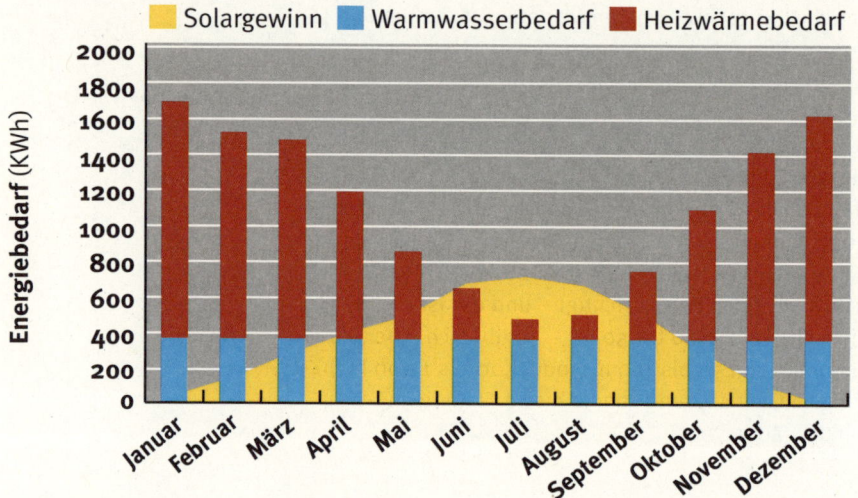

Würde man die Kollektorfläche verdoppeln, so würde sich die gelbe Fläche in Abbildung 19 verdoppeln. Das bedeutet jedoch nicht, dass sich auch die Gas- oder Öleinsparung verdoppelt: Die Solaranlage würde im Sommer riesige Überschüsse produzieren, in den trüben Wintermonaten aber trotzdem fast nichts bringen. Eine Solaranlage mit mehr als 15 m² im Einfamilienhaus gibt keinen Sinn, es sei denn man beheizt mit der überschüssigen Energie im Sommer ein Freibad.

Die restliche Dachfläche sollte man dann besser für die solare Stromerzeugung reservieren. Überschüsse gibt es dabei nicht, da der gesamte Strom verkauft oder selbst genutzt wird.

Zur Überbrückung von Tagesschwankungen werden in solarunterstützten Heizungsanlagen Speicher (Pufferspeicher) mit etwa 700 bis 1.000 Liter Volumen eingebaut. Grundsätzlich wird bei Pufferspeichern zwischen folgenden Konstruktionen unterschieden:

- **Kombispeicher:** Ein kleiner Trinkwasserspeicher (150 bis 200 l Inhalt) für die Warmwasserbereitung ist an der wärmsten Stelle in den Pufferspeicher eingebaut und dort immer von heißem Heizungswasser umgeben. Diese Lösung ist preisgünstig, birgt jedoch die Gefahr, dass sich im Warmwasserspeicher Legionellen (⋯→ Exkurs Legionellen) vermehren können.

- **Pufferspeicher und Warmwasserbereitung mit Durchlauferhitzer (Rohrwendel, Frischwasserstation)**: Hier wird nur Heizungswasser über die Kollektoren erhitzt. Wird z.B. der Warmwasserhahn in der Dusche geöffnet, fördert eine Pumpe heißes Heizungswasser zu einem Wärmetauscher, der das Duschwasser erwärmt. Das warme Wasser wird also stets frisch zubereitet und taugt (nach dem Nacherhitzen) sogar zum Kaffee kochen. Das Legionellen-Problem entfällt und der Pufferspeicher kann im Sommer auf bis zu 95 °C aufgeheizt werden, so dass man eine gute Reserve für Schlechtwettertage hat. Speicher mit Frischwasserstation sind allerdings etwas teurer als Kombispeicher.

Exkurs: Legionellen

Seit einigen Jahren sorgen Legionellen im Trinkwasser immer wieder für Schlagzeilen. Diese verbreiteten Keime sind in geringer Konzentration unproblematisch. Ab 60 °C werden sie abgetötet, bei Temperaturen um 40 °C vermehren sie sich dagegen stark. Werden sie z.B. beim Duschen mit winzig kleinen Wassertröpfchen eingeatmet, können sie in die Lunge gelangen und dort eine Lungenentzündung auslösen, die zum Tode führen kann. Besonders gefährdet sind Personen mit geschwächtem Immunsystem, insbesondere ältere Menschen und Kleinkinder. Im Ein- und Zweifamilienhaus ist eine Gesundheitsgefährdung kaum gegeben, da aufgrund der Schichtung die Temperaturen im oberen Bereich des Warmwasserspeichers in der Regel oberhalb von 50 °C liegen und das Wasser nur kurz im Speicher bleibt. Gefahren durch Legionellen drohen durch tote Leitungen (Sackgassen) im Wassernetz oder bei großen Leitungssystemen wie in Hotels und Krankenhäusern. Warmwasserspeicher mit mehr als 400 l Volumen müssen deshalb einmal am Tag auf mindestens 60 °C aufgeheizt werden, moderne Heizungsregelungen erledigen dies automatisch.

Abbildung 20: Solaranlage mit Heizungsunterstützung

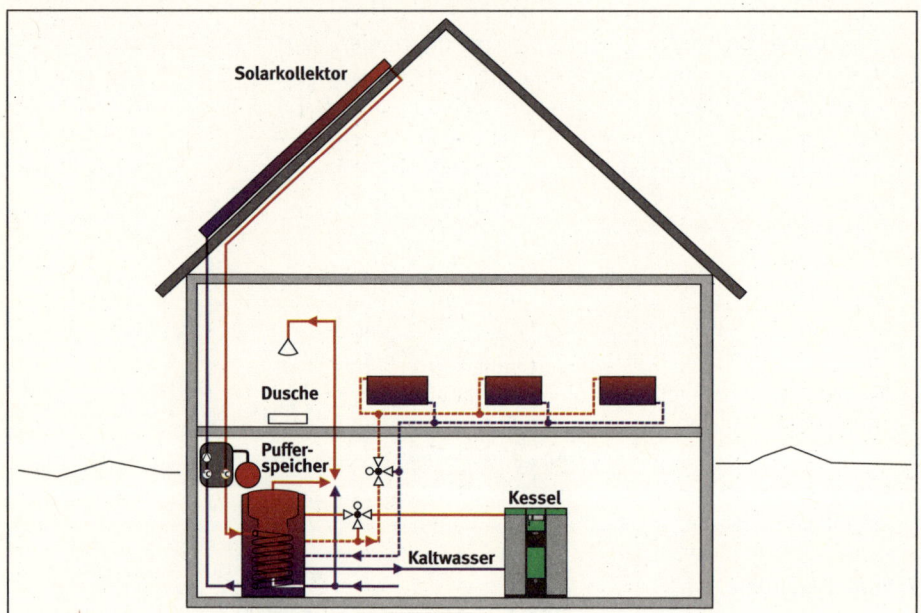

- **Pufferspeicher mit Schichtenlader und Warmwasserbereitung mit Durchlauferhitzer**: In stehenden Warmwasserspeichern ist das Wasser oben stets wärmer als unten(⸱⸱⸱⸽ Abbildung 21). Verstärkt wird dieser Effekt dadurch, dass warmes Wasser oben entnommen und unten das abgekühlte Rücklaufwasser und das kalte Leitungswasser eingeleitet werden. Bei einfachen Speichern wird die solare Wärme grundsätzlich unten im Speicher eingebracht. Dort mischt sich warmes und kälteres Wasser, so dass es relativ lange dauert, bis warmes Wasser mit brauchbarer Temperatur oben zur Verfügung steht. Anders bei Schichtenladespeichern: Hier wird die Wärme durch eine entsprechende Speicherladevorrichtung an die richtige Stelle geführt. Scheint die Sonne sehr kräftig und produziert der Kollektor beispielsweise Wasser-Temperaturen von 60 °C, steht dieses Wasser sofort zur Verfügung; schafft die Sonne dagegen nur 30 °C warmes Wasser, erfolgt die Einspeicherung weiter unten.

Durch Schichtenlader steigt der Wirkungsgrad von
Solaranlagen um etwa 10 bis 15 %. Der höhere technische Aufwand hat allerdings seinen Preis.

Leider ist es mit den beschriebenen Pufferspeichern im
häuslichen Umfeld nicht möglich, überschüssige Sonnenwärme mit vertretbarem Aufwand vom Sommer in den
Winter zu retten. Anders bei der Versorgung ganzer Sied-
lungen: Hier lassen sich mit Erfolg riesige Wasserspeicher
mit einem Volumen von mehreren 1.000 m³ einsetzen,
die allerdings mit einer sehr dicken, ca. 50 bis 100 cm
starken Wärmedämmung ausgestattet sein müssen.

Abbildung 21: Solaranlage mit Schichtenspeicher „Antilegionellenspeicher" und
Frischwasserstation (Solvis-Braunschweig)

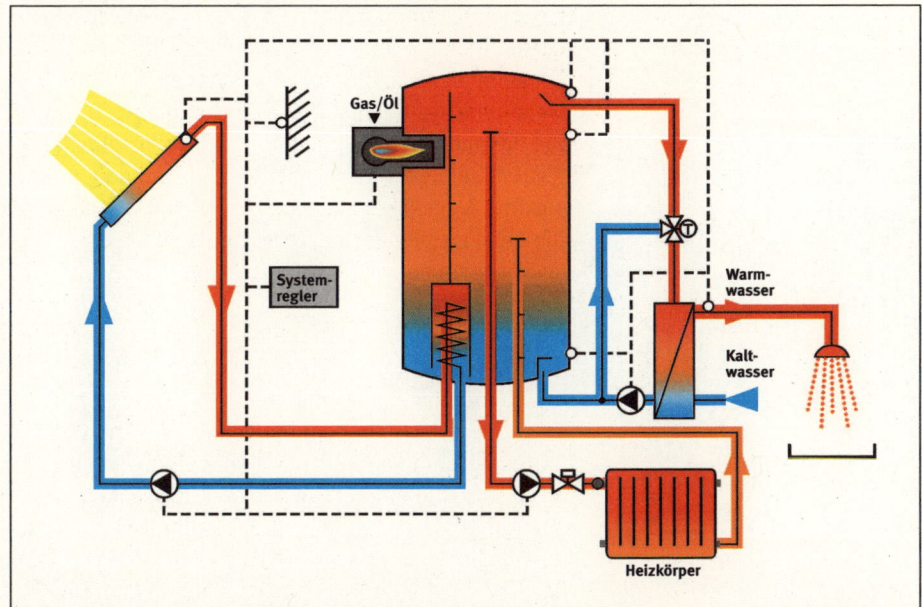

Die ökologische oder energetische Amortisationszeit von
thermischen und elektrischen Solaranlagen liegt etwa bei
zwei Jahren. Das heißt in zwei jahren haben die Anlagen
so viel Energie eingefahren, wie zur Herstellung aufgewendet worden ist.

Auch ein **gut gedämmt wirkender Solarspeicher** hat Schwachstellen, wie die Aufnahme einer Wärmebildkamera deutlich zeigt.

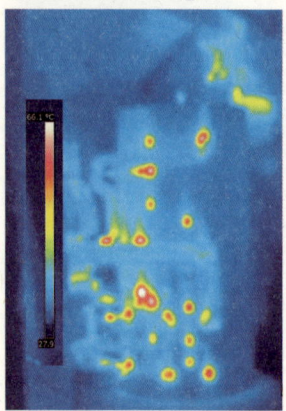

Es gibt viele heiße und blanke Metallteile. An dem hellen „Heiligenschein" unter dem Speicher ist zu erkennen, dass der Speicher nach unten völlig ungedämmt ist.

Installationsfehler

Thermische Solaranlagen sind technisch ausgereift, wie die Stiftung Warentest bereits mehrfach festgestellt hat. Ihre technische Lebensdauer liegt bei mindestens 20 Jahren. Allerdings werden bei der Installation vielfach schwere Fehler gemacht, insbesondere wenn der Installateur wenig Erfahrung hat. Folgende Fehler kann vermutlich auch ein Laie erkennen:

- Das Verhältnis Speichervolumen zu Kollektorfläche sollte bei 40 bis 70 Liter je m² liegen, d.h. zu einem 12 m² Kollektor gehört ein 500–850 Liter Speicher. Ist der Speicher zu groß, dauert es sehr lange, bis brauchbare Temperaturen erreicht werden. Ist der Speicher zu klein, verschenkt man u.U. Sonnenenergie oder der Vorrat reicht nicht für Schlechtwettertage.
- Alle Rohrleitungen und der Speicher sollten lückenlos gedämmt sein. Es dürfen keine blanken und warmen Metallteile sichtbar sein, auch nicht auf dem Dach.
- Die Dämmung der Solarleitungen muss hitzebeständig und auf dem Dach zusätzlich UV-beständig und pickfest (Vögel!) sein.
- Die Anlage sollte auch bei Stromausfall oder Urlaub im Hochsommer sicher sein. Falls in dieser Zeit Solarflüssigkeit überläuft, ist das Ausdehnungsgefäß nicht richtig dimensioniert, oder die Druck- und Mischungsverhältnisse im Solarkreislauf stimmen nicht.
- Die Rohrleitungen, die zum Dach führen, sollten einige Stunden nach Sonnenuntergang abgekühlt (Raumlufttemperatur) sein. Falls die Solarleitungen nachts warm sind, funktioniert das Schwerkraftventil nicht oder die Umwälzpumpe läuft dauerhaft. Der Speicher entlädt sich in der Nacht wieder, weil heiße Flüssigkeit in den Rohrleitungen hochsteigt, auf dem Dach abkühlt und wieder zum Speicher zurückfließt. Das Schwerkraftventil soll diese Strömung verhindern. Die Pumpe muss selbstverständlich abgeschaltet sein, wenn der Himmel dunkel ist.

Verbrennung

Holz ist ein nachwachsender Rohstoff und bietet unter ökologischen wie auch wirtschaftlichen Gesichtspunkten viele Vorteile. Es kann regional gewonnen werden, so dass keine langen Wege anfallen. Nach Angaben der Deutschen Gesellschaft für Holzforschung (DGfH) wird in Deutschland nur ca. 60 % des jährlichen Holzzuwachses genutzt, davon nur 7 % als Brennholz. Dieses Holz deckt etwa 1,5 % des Primärenergieverbrauchs ab. Die DGfH hält es für möglich, dass die deutschen Wälder bis zu 5 % des Primärenergiebedarfs in Deutschland bei nachhaltiger und ökologisch verträglicher Waldbewirtschaftung abdecken könnten. Außerdem wird in der Landwirtschaft schon längst mit schnell wachsenden Hölzern und anderen Pflanzen (Stroh, Chinaschilf usw.) auf Feldern experimentiert, die in Pellets gepresst und ebenfalls verheizt werden können. Die Wälder und Felder würden damit einen deutlichen und nachhaltigen Beitrag zur Sicherung der zukünftigen Energieversorgung leisten.

Das Bundesimmissionsschutzgesetz erlaubt die Verfeuerung von Kohle, Koks, Natur belassenem Holz und anderen pflanzlichen Produkten in privaten Häusern.

Abbildung 22: Geschlossener Kohlendioxid-Kreislauf bei der Verbrennung von Holz (FNR)

Aus Klimaschutzgründen sollte die Kohle- und Koksfeuerung jedoch der Vergangenheit angehören. Bei der Schadstoffbelastung durch Holzverbrennung muss man globale und lokale Auswirkungen unterscheiden:

- **Global**: Bei der Verbrennung entsteht nur so viel Kohlendioxid wie vorher von den Bäumen aufgenommen wurde (Abbildung 22). Diese Menge an Kohlendioxid würde auch bei der Verrottung des Holzes im Wald freigesetzt. Solange nicht mehr Holz geschlagen wird als nachwächst, gibt es einen geschlossenen Kreislauf. Von dem verfeuerten Holz bleibt bei guter Verbrennung nur etwa 1 bis 3 % Asche übrig, so dass der Aschekasten nur selten entleert werden muss. Holzasche kann zudem als Dünger eingesetzt oder kompostiert werden. Beim Verbrennen wird somit nur die Sonnenenergie herausgeholt: Holz ist gespeicherte Sonnenenergie.
- **Lokal**: Es entstehen Luftschadstoffe wie Kohlenmonoxid, Stickoxide und Staub, die bei dichter Bebauung Probleme und Ärger verursachen können. Diese Emissionen können jedoch (im Gegensatz zu Kohlendioxid!) durch eine Optimierung der Verbrennungstechnik reduziert werden. Darüber hinaus gibt es – je nach Verbrennungstechnik – mehr oder weniger große Emissionen von Feinstaub. Der Grenzwert nach dem Bundesimmissionsschutzgesetz soll künftig bei 150 Milligramm je m³ Abgas liegen. Neuere Öfen erfüllen diese Anforderungen in der Regel. Alte Öfen müssen ab dem Jahre 2015 mit Feinstaubfiltern nachgerüstet oder gegebenenfalls stillgelegt werden.

Nach dem Schlagen des Holzes sollte dieses sogleich in Scheite gespalten werden. Die Länge der Scheite hängt von der Größe des Ofens ab: Sie können bis zu 100 cm lang sein. Der Umfang der Scheite sollte allerdings 30 cm möglichst nicht überschreiten, da sie sonst zu schlecht trocknen und verbrennen. Das Holz muss anschließend mindestens 2 Jahre, besser 3 Jahre, trocken und luftig gelagert werden, damit der Feuchtigkeitsgehalt von 50 % auf unter 20 % sinkt.

Abbildung 23: Raumbedarf von Holz (FNR)

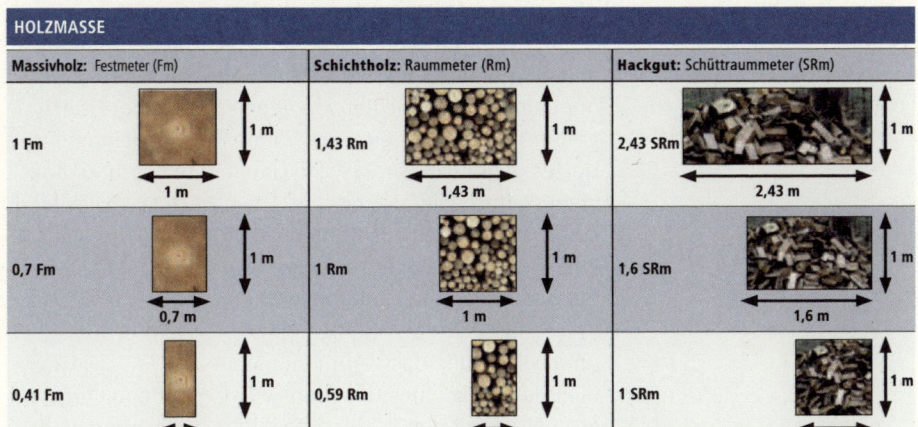

HOLZMASSE		
Massivholz: Festmeter (Fm)	**Schichtholz:** Raummeter (Rm)	**Hackgut:** Schüttraummeter (SRm)
1 Fm — 1 m / 1 m	1,43 Rm — 1 m / 1,43 m	2,43 SRm — 1 m / 2,43 m
0,7 Fm — 1 m / 0,7 m	1 Rm — 1 m / 1 m	1,6 SRm — 1 m / 1,6 m
0,41 Fm — 1 m / 0,41 m	0,59 Rm — 1 m / 0,59 m	1 SRm — 1 m / 1 m

Für Holz gibt es verschiedene Volumenbezeichnungen, denn es ist kein homogener Brennstoff. Festmeter (Fm): Nach dieser Einheit wird das Holz im Wald verkauft. Ein Festmeter ist ein Kubikmeter Holz ohne Zwischenräume. Ein Raummeter (Rm, süddeutsch: Ster) ist ein Kubikmeter lose geschichtetes Holz. Ein Raummeter ungespalten sind 0,7 Festmeter. Als Schüttraummeter (SRm) wird ein Kubikmeter Holz bezeichnet, bei dem 33 Zentimeter lange Scheite lose geschüttet sind. Ein Schüttraummeter Fichte entspricht 0,4 Festmetern, bei Buche sind es 0,5 Festmeter. Grund ist, dass Buchenholz glatter und schwerer ist und daher dichter lagert als Fichtenholz. Alle Angaben sind daher nur Näherungswerte. Lesebeispiel: Um den Heizwert von 1 Fm Holz zu erreichen, benötigt man 2,43 SRm. Quelle: www.fnr.de/ LWF Bayern

Quelle: FNR, LWF Bayern, Haus+Energie / Grafik: Haus+Energie, www.hausundenergie.de

Holz ist ein gasreicher und langflammiger Brennstoff und erfordert erheblich größere Brennräume als andere Brennstoffe wie Kohle, Öl und Gas. Das trockene Holz sollte mit möglichst hoher Flammentemperatur (600 bis 1.000 °C) verbrennen. Dazu muss die Verbrennungsluft dem Feuer vorgewärmt zugeführt werden, einmal von unten (Primärluft) und einmal von oben (Sekundärluft). Wenn das Holz zunächst mit langer leuchtender Flamme (Entgasungsphase) verbrennt, muss genügend Sauerstoff zugeführt werden, um Schwelbrand, Kohlenmonoxid, Ruß u.ä. zu vermeiden. Erst wenn die Verbrennung der Glut beginnt, darf und sollte die Luftzufuhr gedrosselt werden. Je besser die Verbrennungsluftversorgung und Brennraumgeometrie an den jeweiligen Verbrennungsprozess angepasst sind, desto höher ist die Energieausnutzung und desto geringer die Entwicklung von Schadstoffen und Rückständen. Dies ist nicht nur für Geldbeutel und Umwelt von Bedeutung: Bei verbesserter Verbrennung sinkt vielmehr auch der Bedienungsaufwand! Rußablagerungen darf und sollte es nicht geben.

Beschwerden über die Schadstoffemissionen von Holzöfen gibt es meist nur dann, wenn zu nasses Holz verwendet wird oder wenn der Ofen als „Müllverbrennungs-
anlage" genutzt wird. Bei frischem Holz ist der Heizwert
nur halb so hoch wie der von abgelagertem Holz. Da ein
großer Teil der Verbrennungswärme zum Trocknen des
Holzes gebraucht wird, ist die Flammentemperatur längst
nicht so hoch wie die von trockenem Holz. Die Folge sind
starke Emissionen von Kohlenmonoxid, Ruß, Teer u.a.
krebserregende Kohlenwasserstoffe. Diese belasten nicht
nur die Umgebung, sondern können auch den Ofen und
den Schornstein beschädigen.

An die Regelung des Verbrennungsprozesses sowie an
die Bedienung eines Holzofens werden hohe Ansprüche
gestellt, damit die Schadstoffbelastung minimiert wird.

Abbildung 24: Raumbedarf von Holz, um 1.000 Liter Heizöl (etwa gleich 1.000 m³ bzw. 10.000 kWh Erdgas) zu ersetzen

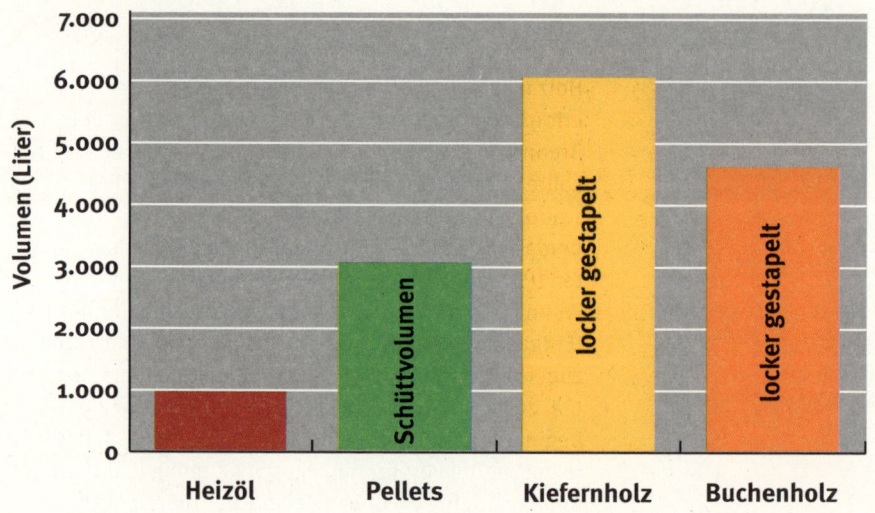

Bei einer Entscheidung für eine monovalente (= einzige
Heizquelle) Holz-Heizung sollte man auch die damit verbundene Arbeit bedenken. Es werden immerhin rund fünf
Raummeter Holz gebraucht, um etwa 1.000 Liter Heizöl
oder 10.000 kWh Erdgas zu ersetzen. Das reicht aus für

ein Einfamilienhaus, wenn das Gebäude rund herum gut Wärme gedämmt ist und man eine sparsame Heizungsanlage hat. Als Lagerraum sollte man mindestens das vierfache Volumen einplanen, um das Holz genügend lange (2 bis 3 Jahre) abzulagern und zu trocknen.

Kamin- und Kachelöfen

Kamine sowie Kamin- und Kachelöfen sind nach wie vor sehr beliebt. **Offene Kamine** sind allerdings enorme Energieverschwender mit Wirkungsgraden von etwa 10 %. Sie dürfen nach Bundesimmissionsschutzverordnung auch nur „gelegentlich" befeuert werden, um die Nachbarschaft nicht zu sehr zu belästigen. In die Kamine sollte eine Heizkassette mit Glasscheibe eingebaut werden (Kosten: ab 1.500 €), und schon steigt damit der Wirkungsgrad an: **Geschlossene Kamine** können Wirkungsgrade von ca. 60 %. erreichen.

Kaminöfen und **Kachelöfen** erreichen Wirkungsgrade von 50 bis 80 %. Bei ihnen sollte man auf die Qualität achten. Billige Öfen werden schnell undicht, weil sich die Tür verbiegt, man bekommt keine Ersatzteile mehr und die Sichtscheiben verschmutzen, weil die Verbrennungsluftzufuhr nicht optimal ist. Oft werden zu große Öfen verkauft: Da die Verbrennung nur gut ist, wenn die Öfen mit voller Leistung betrieben werden, sind gut gedämmte Häuser dann schnell überhitzt. Überdimensionierte Öfen können dann nur an sehr frostigen Tagen zufrieden stellend genutzt werden, nicht aber in der Übergangszeit, wenn es sinnvoll wäre.

In der Regel holen Holzöfen die Verbrennungsluft aus dem sie umgebenden Wohnraum (**raumluftabhängige** Betriebsweise). Dies kann in gut abgedichteten Häusern ein Problem sein, insbesondere in Häusern mit Lüftungsanlagen und Küchenabzugshauben. Mittlerweile werden aber auch Öfen angeboten, die keine Raumluft benötigen, sondern sich die Verbrennungsluft von draußen holen (**raumluftunabhängig**).

TIPP: Holzöfen sollten die Feinstaubnormen von Regensburg, Stuttgart und München einhalten und ein Zertifikat aufweisen, dass sie die verschärften Grenzwerte der BImschVo (⤳ Seite 143) einhalten.

Durch den starken Preisanstieg der konventionellen Energieträger gibt es eine erhöhte Nachfrage nach Kamin- und Kachelöfen mit **Wasser-Wärmetauschern**. Damit können auch entferntere Räume mit dem Holzfeuer über das Heizsystem erwärmt werden. Folgende Probleme können auftreten:

- Damit Holz schadstoffarm und rußfrei verbrennt, muss die Flammentemperatur sehr hoch sein (600 bis 1.000 °C). Rund um das Feuer und unter dem Feuer sollten sich deshalb am besten nur Schamottesteine (und Asche) befinden.
- Sitzt die stählerne Wassertasche rund um das Feuer, wird die Flamme zu sehr gekühlt: Der Ofen rußt, die Verbrennung ist nicht optimal, und es entstehen erhöhte Schadstoffemissionen.
- Sitzen die Wassertaschen hinter den Schamottesteinen geht nur ein kleiner Teil der produzierten Wärme ins Heizungswasser über. Dann lohnt sich der ganze Aufwand mit dem Wasseranschluss nicht.

Optimal ist es, wenn die Wärme nicht der Flamme, sondern erst dem Abgas entzogen wird. Dann wird allerdings der gesamte Ofen wesentlich größer und teurer. Erforderlich ist auch eine gute Regelung: Treffen in der Anfahrphase des Ofens nämlich relativ kalte Abgase auf den kalten Wärmetauscher, kondensiert das in den Abgasen enthaltene Wasser. Zusammen mit Ruß und Staub entsteht ein dicker Belag um die Wärmetauscher, der den Wärmeübergang behindert. Der Wärmetauscher muss dann oft gereinigt werden, was dann häufig im Wohnzimmer stattfindet und eine ziemlich schmutzige Angelegenheit ist.
Die Heizungsumwälzpumpe sollte erst dann anspringen, wenn die Wassertemperatur im Wärmetauscher über 60 °C angestiegen ist. Gute Regelungen heizen den Wärmetauscher vor (Rücklaufbeimischung) oder lassen das Abgas erst dann an dem Wärmetauscher vorbeiströmen, wenn es genügend heiß ist. Auch die Abgastemperatur vor und nach dem Wärmetauscher muss von der Regelung überwacht werden. Bei kaltem Abgas muss die Pumpe automatisch abgestellt werden. Da die Pumpe Geräusche macht, sollte sie sich möglichst nicht im Wohnzimmer befinden.

Öfen mit Wasser-Wärmetauschern sollten grundsätzlich an einen Pufferspeicher angeschlossen werden, damit diese Öfen stets mit Voll-Last betrieben werden können. Wenn sie die einzige Wärmequelle im Haus sind (monovalent), sollte möglichst viel Verbrennungswärme an den **Heizwasserkreislauf** abgeführt werden (mehr als 50 %), damit einerseits auch weiter entfernte Räume noch genug Wärme abbekommen, und andererseits der Raum nicht überhitzt wird, in dem der Ofen steht.

Und wenn schon ein Pufferspeicher installiert wird, ist auch der Anschluss einer Solaranlage nahe liegend, um in den Sommermonaten den Ofen nicht heizen zu müssen.

Abbildung 25: Anschluss einer Solaranlage und eines Ofens mit Wasserführung an einen Wasserspeicher für die Warmwasserbereitung und Heizung

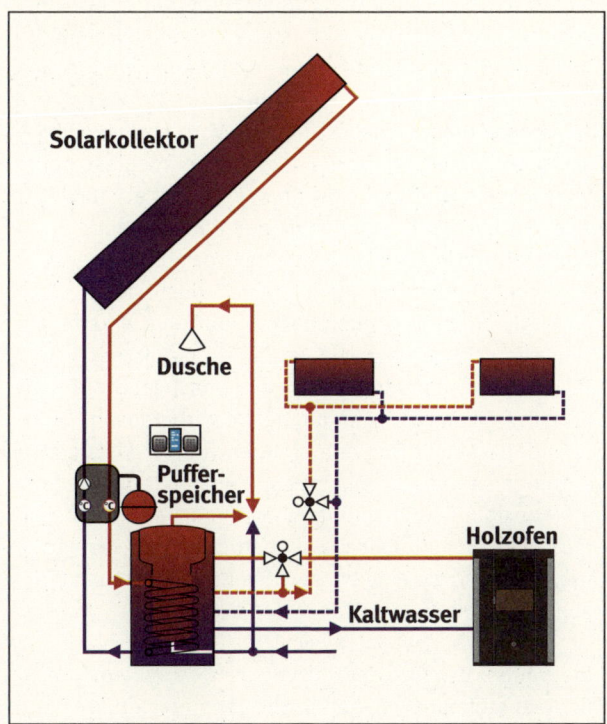

Scheitholzkessel

Angeboten werden so genannte **Allesbrenner** (was nicht wörtlich genommen werden sollte!) und **Holzvergaserkessel**.

Zu unterscheiden sind Kessel mit

- Regelung über Verbrennungsluftklappen die abhängig vom Schornsteinzug sind,
- ungeregeltem Verbrennungsluftgebläse (Ein-/Aus-Betrieb),
- stufenlos geregeltem Verbrennungsluftgebläse.

Die ersten beiden Varianten findet man häufig bei **Allesbrennern**. Holz verbrennt in diesen Kesseln nur mit relativ geringem Wirkungsgrad (50 bis 70 %), so dass sie vom Bundesamt für Wirtschaft und Ausfuhrkontrolle (BAFA) für nicht förderfähig gehalten werden. Förderfähig sind hingegen Holzvergaserkessel mit stufenlos geregeltem Gebläse, die Wirkungsgrade (oder besser Jahresnutzungsgrade) von 90 % und mehr erreichen.

Beim **Holzvergaserkessel** erfolgt der Verbrennungsprozess in drei Phasen und wird durch ein Luftgebläse unterstützt, das die Verbrennung vom – je nach Wetterlage wechselnden – Schornsteinzug unabhängig macht. Der Brennstoff wird im Füllschacht vorgetrocknet, wobei sich bereits eine Vorverbrennung der leicht flüchtigen Bestandteile ergibt. Die entstehende Holzkohle wird anschließend bei geringer Luftzufuhr (Primärluft) vergast. Die Hauptverbrennung findet in einer nachgeschalteten Wirbelbrennkammer aufgrund der Verwirbelung mit Sekundärluft statt. Bei Temperaturen von mehr als 900 °C verbrennen auch schwer zündende Bestandteile wie Kohlenmonoxid (CO). Gegenüber herkömmlichen Holzkesseln ergibt sich eine erhebliche Schadstoff- bzw. Rückstandsreduzierung sowie eine bessere Energieausnutzung (Wirkungsgrade bis ca. 90 %).

Eine weitere Variante der Holzvergasertechnik arbeitet mit einer stufenlos geregelten Verbrennungsluftzufuhr. Der Luftbedarf wird mit einer **Lambda-Sonde** überwacht. Mit dieser modulierenden Betriebsweise kann unter Einhaltung gesetzlicher Schadstoffgrenzwerte für Kohlen-monoxid und Staub auch ein Teillastbetrieb bis ca. 50 % der Nennleistung gefahren werden. Dies ermöglicht eine bessere Anpassung an den momentanen Wärmebedarf des Gebäudes, so dass der Pufferspeicher kleiner bemessen werden kann.

Abbildung 26: Holzvergaserkessel (Fröhling)

Um die Emissionen zu begrenzen und den Wirkungsgrad zu maximieren, sollten Festbrennstoffkessel, insbesondere die Allesbrenner, nur im Voll-Lastbetrieb arbeiten. Ein Wasserspeicher (Pufferspeicher) zwischen dem Heizkessel und dem gleitend gefahrenen Heizsystem ist erforderlich, um dem Gebäude auch an milden Tagen auf kontinuierliche Weise Wärme zuzuführen. Der Pufferspeicher sollte mindestens mit 50 Liter pro kW Heizkesselleistung bemessen werden. Für einen typischen Kleinkessel mit 20 kW Leistung bedeutet dies ein Speichervolumen von 1.000 Litern.

Die Reichweite des Speichers und damit das Intervall zwischen den Heizphasen kann umso größer sein, je besser das Haus Wärme gedämmt ist und je niedriger die erforderliche Heizungsvorlauftemperatur ist, wie Tabelle 6 zeigt. Wenn der Holzkessel einen Speicher mit 750 Liter Inhalt auf 95 °C auflädt und im Haus eine Heizungsvorlauftemperatur von 70 °C (bei -12°C Außentemperatur) gebraucht wird, kann der Speicher nur um 25 °C abgekühlt werden: Er hat einen nutzbaren Energieinhalt von nur 22 kWh (entsprechend 2,2 Liter Öl), und alle 2,2 Stunden muss nachgeheizt werden, was nachts praktisch unmöglich ist.

Ist das Haus dagegen mit Flächenheizungen ausgestattet (max. 35 °C), hat derselbe Speicher einen nutzbaren Energieinhalt von 52 kWh, und es muss (am kältesten Tag des Jahres) nur alle 5,2 Stunden nachgeheizt werden. Noch günstiger wird es, wenn die Tanks noch wesentlich größer sind: Bei 3.000 Liter Volumen und Flächenheizung muss nur alle 21 Stunden nachgelegt werden, und an milden Tagen reicht es, wenn alle 2 bis 3 Tage geheizt wird.

Tabelle 6: Energieinhalt und Reichweite von Heizungspufferspeichern

Volumen	Wärmeinhalt in kWh			Wärmeinhalt in Stunden		
	35 °C	50 °C	70 °C	35 °C	50 °C	70 °C
750 l	52	39	22	5,2	4,0	2,2
1.500 l	105	78	44	10,4	7,8	4,4
2.250 l	157	118	65	15,6	11,8	6,6
3.000 l	209	157	87	21,0	15,6	8,8

Bei -12 °C Außen- und 20 °C Raumlufttemperatur; sehr gut gedämmter Altbau, bzw. nach ENEV gedämmter Neubau, 150 m² Wohnfläche, 4 Personen

Die optimale Ergänzung zu einer Holzheizung mit Speicher ist eine großzügig dimensionierte Solaranlage, die im Sommerhalbjahr die Versorgung übernimmt. Mit einem solchen Heizsystem aus Sonne und Holz kann man in gut gedämmten Häusern völlig ohne Gas und Öl auskommen.

Einige Holzvergaserkessel und Kachelöfen können automatisch auf den Betrieb mit Holzpellets umschalten, wenn das Stückholz aufgebraucht ist. In einem sehr gut Wärme gedämmten Haus lässt sich für Notfälle – wie Krankheit und Winterurlaub – ein Elektroheizstab in den Speicher einbauen. Da dieser aber ein großer Stromfresser und damit teuer im Betrieb ist, sollte er nur mit Bedacht eingesetzt werden.

Der Bedienungsaufwand bei einem solchen Heizsystem hält sich in Grenzen. Und selbst wenn man sich das Holz fix und fertig frei Haus liefern lässt, sind die Heizkosten noch deutlich niedriger als bei einer konventionellen Heizung (⤳ Abbildung 5). Etwa sechs Raummeter Holz reichen aus, um einen gut (rund herum) gedämmten Altbau oder ein nach Energieeinsparverordnung gebautes Haus – jeweils mit Solaranlage für den Sommer – zu versorgen.

Der **Preis** für einen Holzvergaserkessel liegt je nach Ausstattung mit modulierender Betriebsweise, automatischer Heizflächenreinigung oder Entaschung bei 4.000 bis 8.000 €. Das Bundesamt für Wirtschaft in Eschborn und einige Bundesländer (⤳ Kapitel Adressen) stellen für die Errichtung von Anlagen zur Verfeuerung von fester Biomasse (also Holz, Getreide etc.) teilweise ganz erhebliche Fördergelder (⤳ Kapitel Fördermittel) zur Verfügung. Erkundigen Sie sich bei der Verbraucherzentrale nach den aktuellen Förderbedingungen.

Abbildung 27 auf der folgenden Seite zeigt die Preisentwicklung von Pellets im Vergleich zu Heizöl und Erdgas. In 2006 sind die Preise für Pellets wegen der extrem starken Nachfrage erheblich gestiegen. Zukünftig wird hier jedoch eine stabilere Preisentwicklung im Gegensatz zu Öl und Gas erwartet.

Abbildung 27: Energiepreisentwicklung im Vergleich (nach C.A.R.M.E.N e.V., www.carmen-ev.de)

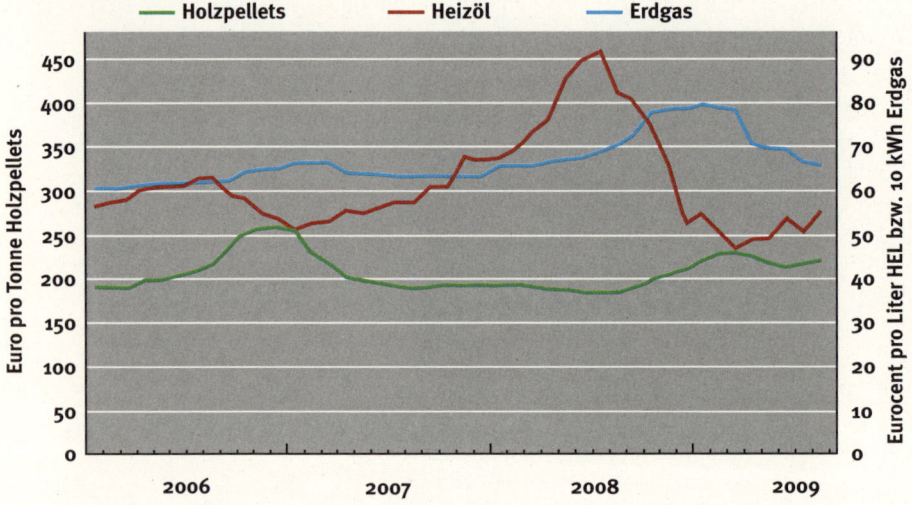

Holz-Pelletkessel

Mit Holzpellets sind vollautomatische Holzheizungen realisierbar, die denselben Komfort wie moderne Öl- bzw. Gaszentralheizungen bieten. Holzpellets werden aus Holzabfällen unter hohem Druck und ohne chemische Bindemittel hergestellt. Die Pellets, die in privaten Haushalten eingesetzt werden, sollten nach den Normen DIN plus oder ÖNORM M 7135 zertifiziert sein. Danach dürfen sie 5 bis 6 mm im Durchmesser haben und 8 bis 30 mm lang sein. Überwiegendes Ausgangsmaterial von Pellets sind getrocknete, rindenfreie und Natur belassene Holzspäne mit einer Restfeuchte von 10 %. Das Rohmaterial kommt zum Großteil aus Sägewerken und der Holz verarbeitenden Industrie. Dort anfallende Abfallprodukte werden somit sinnvoll weiterverarbeitet. Schätzungen zufolge können aus solchen Abfallstoffen 250.000 Einfamilienhäuser in Deutschland beheizt werden.

Durch das Pressen wird die Luft aus dem Holz entfernt und das Volumen stark reduziert. Es entsteht ein homo-

gener Brennstoff, der eine dosierte und kontrollierte Verbrennung vor allem in kleineren Heizungen gewährleistet.
Der Heizwert beträgt ca. 5 kWh/kg. Damit entsprechen
zwei Kilogramm Pellets dem Energiegehalt von einem Liter Heizöl. Der Ascheanteil liegt bei unter 1 %, so dass
eine drei- bis fünfmalige Ascheentleerung pro Jahr erforderlich ist. Um 1.000 Liter Öl zu ersetzen, werden 3 m³
Pellets benötigt.

Die Pellets werden meist mit Tankwagen geliefert. Die
Lagerung kann in einem Kellerraum oder in einem Außen-
tank erfolgen. Es gibt Gewebesilos, die im Carport aufgestellt werden können, oder auch Erdtanks. Es muss unbedingt darauf geachtet werden, dass kein Wasser ein-
dringen kann.
Für die Zuführung des Brennstoffs gibt es verschiedene
automatische Beschickungssysteme: Bei kurzen Wegen
zum Brennstofflagerraum wird bevorzugt die Schnecken-
förderung eingesetzt, sonst kommt ein Saugsystem mit
Bodenrührwerk in Frage. Aber auch manuell aus Säcken
beschickbare Wochenvorratsbehälter werden mit den
Kesseln angeboten; das Sackgut ist allerdings teurer als
das lose Material.

Wegen der guten Dosierbarkeit der Pellets kann hier der
Brennraum kleiner ausfallen als bei Scheitholzkesseln.
Holzpelletkessel gibt es in Leistungsklassen bis hinab zu
einer regelbaren Leistung zwischen 2 und 10 kW. Damit
sind sie auch in Gebäuden mit geringstem Wärmebedarf
(Niedrigenergiehäuser, Passivhäuser) sinnvoll einsetzbar.
Von den Herstellern wird die Installation eines (kleinen!)
Pufferspeichers empfohlen. Und wenn schon ein Speicher installiert wird, dann sollte auch eine Solaranlage
mindestens für die Warmwasserbereitung eingebaut werden. Im Sommer ist der Pelletkessel nämlich unterfordert
und hat einen schlechten Wirkungsgrad.

Abbildung 28: Funktionsweise einer Pelletanlage (Ökofen)

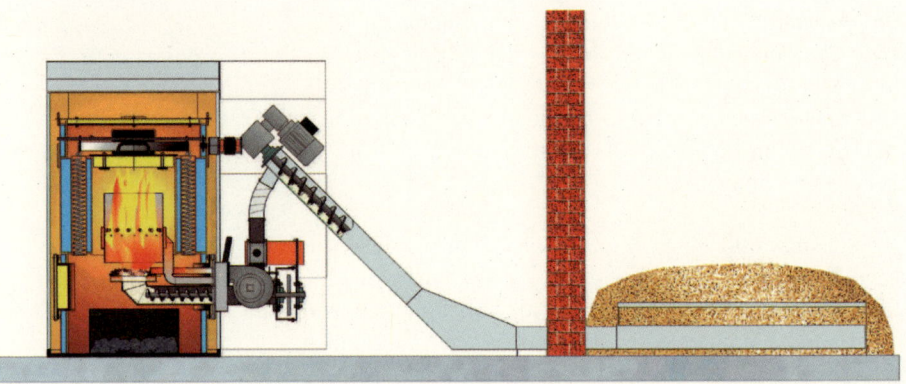

TIPP: Wichtig für die Funktion der Anlage ist die **Pellet-qualität**. Pellets sollten eine glänzende und glatte Oberfläche haben. Je weniger Risse auf der Oberfläche sind und je weniger Staub enthalten ist, desto besser. Gibt man Pellets in ein mit Wasser gefülltes Glas, sollte das Wasser klar bleiben. Die Pellets sollten den Normen DIN plus oder ÖNORM M 7135 genügen.

Außer Pelletkesseln gibt es auch Kaminöfen, die mit Pellets betrieben und an das Heizsystem angeschlossen werden. Einige der angebotenen Öfen arbeiten ebenfalls vollautomatisch, d.h. sie werden automatisch gezündet, wenn Wärme benötigt wird und regeln ihre Flammengröße je nach Wärmebedarf. Sie geben 20 bis 30 % der Energie an den Aufstellraum ab; der Rest fließt über einen Wärmetauscher in einen Warmwasserspeicher oder in die Heizkörper der anderen Räume. Das Feuer eines Pellet-Kaminofens ist im Vergleich zu dem eines Stückholzofens eher langweilig. Auch fehlt das typische Knistern und Knacken des Feuers.

Monovalente Öfen mit Wasseranschluss sollten ebenfalls mit einer Solarkollektoranlage versehen werden, damit man im Sommer nicht das Wohnzimmer heizen muss, um warmes Duschwasser zu haben.

Neben Pellet-Spezialkesseln gibt es auch Pellet-Stück-
holz-Kombinationen, die sich automatisch auf die Verfeuerung von Holzscheiten umstellen oder durch ein paar
Handgriffe umstellen lassen. Man sollte dabei allerdings
bedenken, dass der Wirkungsgrad eines solchen Kessels
möglicherweise für keinen der Brennstoffe optimal ist.
Besser, aber auch teurer, sind zwei separate Kessel, die
jeweils für Pellets und Stückholz optimiert sind.
Des Weiteren gibt es Kachelöfen, die normalerweise mit
Stückholz betrieben werden. Wird nichts mehr nachgelegt, schalten die Öfen automatisch auf Pelletbetrieb um.
Diese Öfen werden ebenfalls an die Zentralheizung angeschlossen.

Die **Anschaffungskosten** für einen Pelletkessel liegen je
nach Grad der Automation von Reinigung und Bedienung
sowie inklusive Lagerraum, Beschickungssystem und
Montage zwischen 12.000 und 15.000 €. Pelletkessel
und Pelletöfen werden vom Bundesamt für Wirtschaft in
Eschborn (⟶ Kapitel Fördermittel) und in einigen Bundesländern wirtschaftlich gefördert (⟶ Kapitel Adressen).

Die Tankkosten für eine Pelletheizung zeigt Tabelle 7 im
Vergleich zu Anschlusskosten anderer Heizsysteme.

Tabelle 7: Anschluss- bzw. Tankkosten

Tankart	Liter	Richtpreis in €
Heizöl: Erdtank	3.000	3.150
Heizöl: Kunststoff-Kellertank	3.000	2.000
Flüssiggas: Gekaufter Tank	2.700	2.000
Flüssiggas: Gemieteter Tank pro Jahr		210
Erdgas: Hausanschluss		1.000–2.500
Fernwärme: Hausanschluss		2.000–5.000
Holzpellet- Erdtank, ohne Erdarbeiten	5.000	ab 3.500
Holzpellet-Sacksilos	5.000	ab 1.500

Die Preise sind regional und je nach Anbieter unterschiedlich.

Sonstige Holzbrennstoffe

Hackschnitzel

Jede Art von Natur belassenem Holz kann zu Hackschnitzeln verarbeitet werden: Waldholz, Sägerestholz, Landschaftspflegeholz sowie Restholz. Ein Vorteil liegt in seiner Schüttfähigkeit. Wie bei den Pellets ist auch hier eine Verfeuerung in vollautomatischen Heizungsanlagen möglich. Hackschnitzel sind sehr preisgünstig zu bekommen (etwa

1,5 Cent je kWh), aber sie benötigen das Vierfache an Volumen im Vergleich zu Pellets, um den gleichen Energieinhalt zu speichern, da sie nicht gepresst sind. Deshalb kommt der Einsatz von Hackschnitzeln in erster Linie nur in waldreichen Gegenden bei sehr großem Wärmebedarf in Frage, z.B. wenn mit einem großen Heizwerk eine ganze Siedlung beheizt wird oder auch bei hohem Wärmebedarf in der Landwirtschaft. Zur Versorgung von Privathäusern sind Hackschnitzel wegen des hohen Platzbedarfs ungeeignet.

Die Qualität von Holzhackschnitzeln wird im Wesentlichen durch zwei Faktoren bestimmt:

- **Wassergehalt**: Ein hoher Feuchtigkeitsgehalt bedeutet einen geringeren Heizwert.
- **Rindenanteil**: Je größer der Rindenanteil desto mehr Asche fällt bei der Verbrennung an.

Holzbriketts

Holzbriketts werden aus Sägespänen aus holzverarbeitenden Betrieben hergestellt und in unterschiedlich großen runden und eckigen Formen angeboten. Wie auch bei Pellets werden sie ohne Bindemittel gepresst und haben deshalb etwa die gleiche Energiedichte wie Pellets. Durch den niedrigen Wassergehalt (ca. 10 %) haben sie noch bessere Brenneigenschaften als Luft getrocknetes Brennholz (Wassergehalt ca. 15 bis 20 %).

Als Qualitätsnachweis gilt DIN 51731.

5. Wärmepumpen
Nur für gut gedämmte Häuser!

Funktionsweise

Heiz-Wärmepumpen entziehen dem Grundwasser, dem Erdreich oder der Luft Wärme, die von der Sonne oder aus dem Erdinneren kommt, und führen sie unter Einsatz hochwertiger Energie (Strom, Gas)auf erhöhtem Niveau dem Heizwasser zu. Wärmepumpen sind in jedem Kühlschrank eingebaut. Dort entziehen sie den Lebensmitteln Wärme und transportieren diese auf erhöhtem Temperaturniveau auf die Geräterückseite, so dass es dort warm wird.

In Abbildung 29 auf der folgendenden Seite ist die Funktionsweise einer Wärmepumpe dargestellt: Das Kältemittel, z.B. das Flüssiggas Propan, ist auf der linken Seite unten (Wärmequelle) zunächst flüssig. Da es nur unter re-

Abbildung 29: Funktionsweise einer Wärmepumpe (RWE Bau-Handbuch)

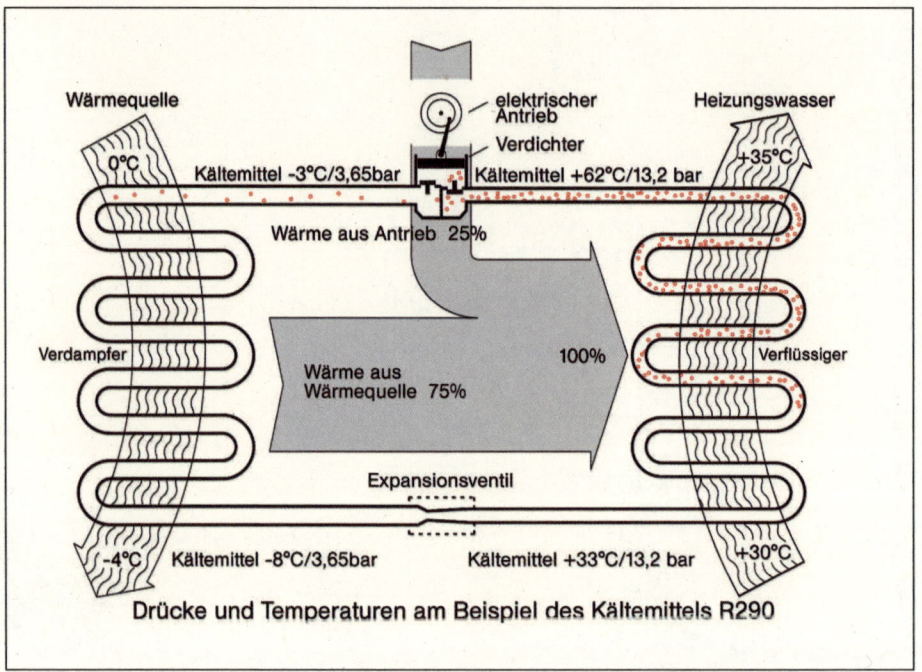

lativ geringem Druck steht, verdampft es. Dazu muss es der Umgebung die so genannte Verdampfungswärme entziehen. Das Kältemittel kühlt unter die Umgebung ab (wie eine Flüssiggasflasche, wenn ihr Gas entnommen wird) und kann damit Lebensmittel, die Luft oder das Grundwasser abkühlen. Wenn es verdampft ist, wird das Gas in dem meist elektrisch angetriebenen Verdichter komprimiert. Dabei erhitzt sich das Gas (wie die Luft in einer Luftpumpe beim Aufpumpen eines Fahrradreifens: die Luftpumpe wird warm). Das verdichtete und erhitzte Kältemittel kann nun Wärme in einem nachgeschalteten Wärmetauscher (Verflüssiger) an das Heizungswasser abgeben. Durch die Abkühlung wird das ursprünglich gasförmige Kältemittel flüssig, steht aber noch unter hohem Druck. Im Expansionsventil wird dieser Druck abgebaut. Das Kältemittel versucht jetzt wieder in den gasförmigen Zustand überzugehen. Der Kreislauf ist geschlossen. In der Abbildung ist zu erkennen, dass man für 100 % Nutzwärme 25 % Strom aufwenden muss. 75 % werden der Umgebung entnommen. In diesem Beispiel wird eine qualitativ sehr gute Anlage dargestellt (Arbeitszahl 4). In der Praxis verbrauchen die meisten Anlagen deutlich mehr Strom.

Standardmäßig werden Wärmepumpen mit Elektromotoren angetrieben. Der Antrieb mit Gasmotoren ist ebenfalls möglich. Sie werden aber bisher zur Beheizung von kleinen Wohneinheiten aus Kostengründen kaum angeboten, obwohl Gasmotor-Wärmepumpen im Vergleich zu elektrisch betriebenen eine um 30 bis 50 % bessere Energiebilanz haben. Ähnliches gilt für die noch in der Entwicklung stehenden Absorptions- und Zeolith-Wasser-Wärmepumpen. Bei steigenden Energiepreisen werden sie jedoch zunehmend attraktiver.

Im Rahmen dieser Broschüre stehen die Elektrowärmepumpen im Vordergrund, da sie für die Wärmeversorgung von Ein- und Mehrfamilienhäusern inzwischen eine große Bedeutung haben und für gut Wärme gedämmte Gebäude eine Alternative zu konventionellen Heizungen darstellen. Elektrowärmepumpen werden als kompakte Einheiten mit allen Bauteilen geliefert, so dass eine schnelle Montage und fehlerfreie Installation sichergestellt ist. Die Lebensdauer entspricht denen konventioneller Heizsysteme.

Um die Qualität von Wärmepumpen beurteilen zu können, wird die abgegebene Nutzwärme ins Verhältnis zur zugeführten Energie gesetzt. Zwei Kennzahlen sind dabei zu unterscheiden:
- Die Leistungszahl kennzeichnet das Verhältnis von Heizleistung (kW) zu elektrischer Antriebsleistung (kW) der Wärmepumpe. Sie misst die Effizienz der Wärmepumpe zu einem bestimmten Zeitpunkt unter bestimmten (idealen) Randbedingungen und stellt deshalb nur einen Momentanwert dar. Angaben über die Leistungszahl findet man in den Herstellerunterlagen.
- Die Arbeitszahl bezeichnet das Verhältnis zwischen Heizarbeit (kWh) und eingesetzter elektrischer Arbeit

(kWh) inklusive aller Komponenten in einem festgelegten Zeitraum (in der Regel ein Jahr: Jahresarbeitszahl). Die Arbeitszahl ist der entscheidende Maßstab, der es erlaubt, die energetische Qualität einer Anlage unter Praxisbedingungen zu bewerten.

Tabelle 8: Zu erwartende Jahresarbeitszahlen von Wärmepumpen. Zum Vergleich ist eine Elektroheizung angegeben (Literaturauswertung)

	Max. Heizungsvorlauftemperatur bei -12 °C	
	35 °C	50 °C
Grundwasser 10 °C	4,0	3,3
Erdsonde, Sole 4 °C	3,9	3,2
Erdkollektor, Sole 0 °C	3,8	3,0
Luft, Mittel + 2 °C	3,0	2,3
Elektroheizung (Widerstandsheizung)	1,0	1,0

Grün: Empfehlenswert oder akzeptabel
Gelb: Hoher Stromverbrauch möglich
Rot: Sehr hoher Stromverbrauch, nicht akzeptabel

Beide Kennzahlen hängen im Wesentlichen von der zu überwindenden Temperaturdifferenz zwischen Wärmequelle und Heizsystem ab. Eine hohe Temperatur der Wärmequelle (z.B. 10 °C) und eine niedrige Vorlauftemperatur im Heizsystem (z.B. 35 °C) liefern Arbeitszahlen zwischen 3,5 bis 4,5 (⋯⋗ Tabelle 8). Ein Wert von 3,5 sollte möglichst nicht unterschritten werden. Bei Arbeitszahlen unter 3,0 bieten Wärmepumpen weder ökonomische noch ökologische Vorteile gegenüber konventionellen Heizungsanlagen. Da in diesem Fall auch noch sehr hohe Druckunterschiede in der Maschine herrschen, ist mit erhöhtem Verschleiß zu rechnen.

Die Hersteller von Wärmepumpen geben die Leistungszahlen entsprechend der DIN-Norm EN 255 durch folgende Kürzel an: W10W35, B0W35 oder A2W35. Hier die Erklärung: W = water (Wasser), B = brine (Sole), A = air (Luft). Die Zahlen geben die Temperaturen an, zwischen denen die Wärmepumpe arbeitet.

Beispiel: A2W35 beschreibt eine Luft/Wasser-Wärme-pumpe, die bei einer Lufttemperatur von 2 °C arbeitet (A2) und die gewonnene Wärme auf einem Niveau von 35 °C an das Heizungswasser abgibt (W35).

Achtung: In den Leistungszahlen nach EN 255 wird der Stromverbrauch der Sole- oder Grundwasserumwälz-pumpen nicht berücksichtigt. In der Jahresarbeitszahl wird der Pumpenstrom zwar nach EN 255 berücksichtigt, allerdings nur der, der sich rechnerisch aus dem Volu-menstrom und dem Strömungswiderstand im Wärmetau-scher der Wärmepumpe ergibt. Die tatsächlich eingebau-te Pumpe kann durchaus 10 bis 15-mal mehr Strom ver-brauchen, weil sie ja zusätzlich noch die Widerstände aller Rohrleitungen überwinden muss. Grundwasser- und Solepumpen haben eine Leistungsaufnahme von etwa 300 W oder mehr.

TIPP: Von großer Bedeutung ist, dass eine Wärmepumpe umso mehr Strom braucht, je größer der Temperatur-unterschied zwischen Wärmequelle und Heizungswasser ist. Voraussetzung für eine ökologisch und ökonomisch vernünftige Wärmepumpenheizung ist,
- dass das Heizsystem mit maximal 35 °C betrieben werden kann, wie es bei einer Flächenheizung (Fuß-boden- oder Wandheizung) der Fall ist.
- dass eine Wärmequelle gewählt wird, die ganzjährig ein möglichst hohes Temperaturniveau bietet, wie z.B. Grundwasser oder das Erdreich.

Abbildung 30: Energieflussbilder eines Brennwertkessels und einer Elektro-wärmepumpe mit Wärmequelle Erdreich sowie Fußbodenheizung (RWE Bau-Handbuch)

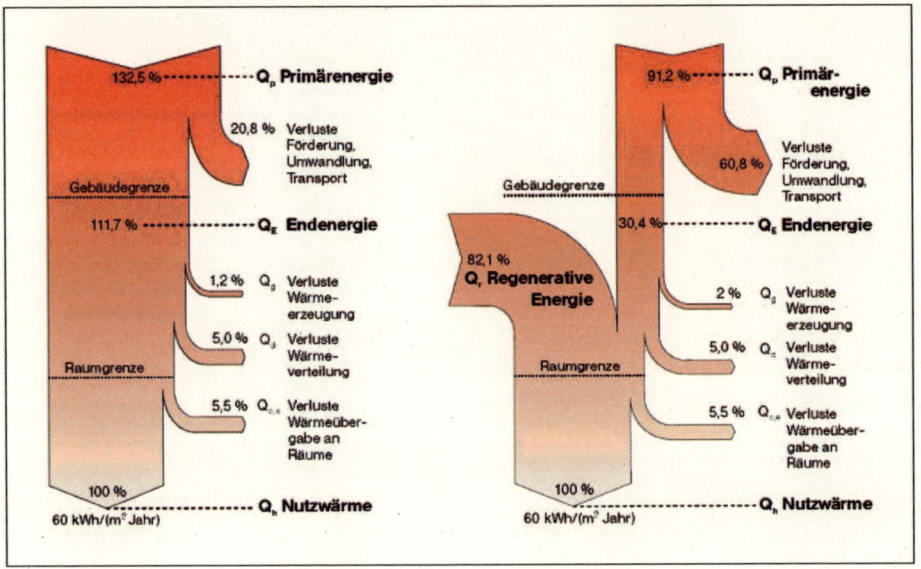

In Abbildung 30 sind die Energiebilanzen eines Gas-Brennwertkessels (links) und einer Wärmepumpe (rechts) dargestellt. Um 100 Energieeinheiten Nutzwärme zu gewinnen, müssen beim Einsatz eines Brennwertkessels 132,5 Einheiten Primärenergie (Kohle, Erdgas, Uran) abgebaut werden. Beim Einsatz einer Wärmepumpe sind es „nur" 91,2 Einheiten, vorausgesetzt, die Wärmepumpe arbeitet an einer Flächenheizung. Die Wärmepumpe könnte noch effizienter arbeiten, wenn der Strom effizienter erzeugt würde. Leider gehen in Großkraftwerken fast zwei Drittel der eingesetzten Primärenergie als Abwärme verloren. Nur wenn die Wärmepumpe mit einer Arbeitszahl größer als 3 arbeitet, gleicht sie diese Verluste wieder aus. Günstig ist, dass sich die ökologische Bilanz von Wärmepumpen automatisch verbessert, je mehr uneffiziente Kraftwerke vom Netz gehen und je mehr Strom aus Erneuerbaren Energiequellen hinzukommt.
Bei Wärmepumpen unterscheidet man folgende Betriebsweisen:

- **Monovalent**: Die Wärmepumpe versorgt das Haus allein und komplett mit Wärme und Warmwasser; diese Betriebsweise ist heute Standard.
- **Bivalent**: An sehr kalten Tagen wird parallel oder alternativ zur Wärmepumpe noch ein Heizkessel eingesetzt. Da hierbei zwei Wärmeerzeuger gebraucht werden, ist diese Variante in den meisten Fällen wirtschaftlich nicht sinnvoll.
- **Monoenergetisch**: Statt eines zusätzlichen Heizkessels kann ein elektrischer Heizstab zugeschaltet werden oder die Wärmeversorgung ganz übernehmen, so dass es nur einen Energieträger gibt. Dies findet man z.B. bei einer Wärmepumpe mit der Wärmequelle Luft. Sie ist nämlich bei sehr niedrigen Außentemperaturen meist nicht in der Lage das Haus allein zu versorgen.

Als Wärmequelle für eine Wärmepumpe kommen das Grundwasser, das Erdreich und die Luft in Frage.

Wärmequellen

In der Luft sowie in den oberen Bodenschichten ist vorwiegend Sonnenwärme gespeichert. Ab etwa 100 m Tiefe überwiegt, je nach den geologischen Verhältnissen, allmählich die Wärme aus dem Erdinneren, die so genannte Geothermie. Dem Boden kann mittels Erdsonden oder Erdkollektoren umso mehr Wärme entzogen werden, je feuchter er ist. Optimal ist fließendes Grundwasser, das auch direkt durch die Wärmepumpe geleitet werden kann.

Grundwasser

Grundwasser ist die günstigste Wärmequelle, da es ab einer Tiefe von 10 m ganzjährig eine Temperatur von etwa 10 °C hat. Leider ist Grundwasser nicht überall in ausreichender Qualität und Quantität verfügbar. Die Wasserqualität (z.B. der Eisengehalt) und die Ergiebigkeit der Brunnen müssen untersucht werden. Vor Baubeginn muss bei der örtlichen Wasserbehörde eine Genehmigung eingeholt werden.

Informationen über die Grundwasserqualität kann möglicherweise die zuständige Wasserbehörde oder auch das Elektrizitätsversorgungsunternehmen liefern. Eventuell gibt es auch in der Umgebung Brunnen, wo eine Probe gezogen werden kann, um die Wasserqualität zu analysieren.

Abbildung 31: Wasser/Wasser-Wärmepumpe mit zwei Grundwasserbrunnen

Zur Nutzung dieser Wärmequelle sind ein Förder- und ein Schluckbrunnen (⸱⸱⸱⸱➔ Abbildung 31) erforderlich. Das Wasser wird dem Förderbrunnen mit einer Förderpumpe (Tauchpumpe) entnommen, in der Wärmepumpe um etwa 3 bis 4 °C abgekühlt und dann dem Schluckbrunnen zugeführt. Der Abstand der Brunnen sollte mindestens 10 bis 15 m betragen. Die Wasserbehörden machen oft zur Bedingung, dass das Grundwasser in dieselbe Tiefe zurückgepumpt werden muss, aus der es geholt wurde, so dass beide Brunnen dieselbe Tiefe haben müssen.

Vor allem bei eisenhaltigem Wasser ist es sehr wichtig, dass auf dem Weg vom Förderbrunnen zum Schluckbrunnen kein Sauerstoff ins Wasser gelangt, da sonst die Gefahr besteht, dass Eisen oxidiert und der entstehende Eisenschlamm Wärmetauscher und Schluckbrunnen verstopft. Das Wasser darf also nicht in den Schluckbrunnen „plätschern", sondern muss unter dem Grundwasserspiegel eingeführt werden. Die Rohrleitungen und die Brunnenabdeckung sollten luftdicht sein. Auch die Fließrichtung des Grundwassers ist wichtig: Das Wasser sollte nicht unterirdisch vom Schluckbrunnen zum Förderbrunnen fließen, sondern umgekehrt.

Grundwasser-Wärmepumpen können monovalent betrieben werden und das Haus ganzjährig mit Wärme für Heizung und Warmwasser versorgen. Die elektrische Leistung der Tauchpumpe liegt bei mehreren 100 W und sollte bei der Energiebilanz bzw. bei der Berechnung der Jahresarbeitszahl beachtet werden!

Horizontale Erdkollektoren

Bei **Erdkollektoren** handelt es sich um Kunststoffrohre mit 25 oder 32 mm Durchmesser, die etwa 20 cm unter der Frostgrenze in 1,00 bis 1,50 m Tiefe horizontal verlegt werden (⸺⸽ Abbildung 32). Durch die Rohre fließt eine Sole, ein Gemisch aus Wasser und Frostschutzmittel. Diese Flüssigkeit wird unter die Erdreichtemperatur abgekühlt, damit sie Wärme aus der Umgebung aufnehmen kann.

Die Fläche, die mit Kunststoffrohren belegt werden muss, hängt von der Bodenbeschaffenheit, sowie von der Größe und vom Wärmeschutz des Hauses ab. Sie darf nicht bebaut werden, und es dürfen auf dieser Fläche auch keine Bäume gepflanzt werden. Größenordnungsmäßig muss man bei feuchten Böden etwa rechnen:

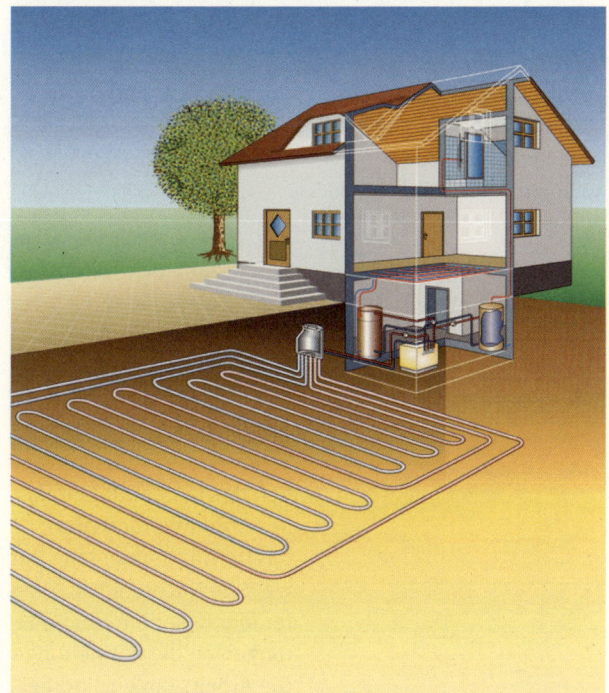

Abbildung 32: Sole/Wasser-Wärmepumpe mit Erdkollektor

- Kollektorfläche = 1 x Wohnfläche bei sehr gutem Wärmeschutz
- Kollektorfläche = 2 x Wohnfläche bei mittlerem Wärmeschutz

Erdkollektoren haben gegenüber der Grundwassernutzung den Vorteil, dass dieses Verfahren fast überall ohne Risiko anwendbar ist. Nachteilig ist allerdings die schlechtere Leistungszahl, da es hier zwei Wärmeübergänge gibt, nämlich vom Erdreich auf die Sole und von der Sole auf das Kältemittel. Die benötigte Fläche muss vorhanden sein.

Tabelle 9: Spezifische Wärmeentzugsleistung bei Erdkollektoren in Watt je m² Bodenfläche bei ca. 2.000 Vollbetriebsstunden pro Jahr (Bundesverband Wärmepumpe)

Bodenart	Wärmeentzugsleistung
trockener sandiger Boden	10
feuchter sandiger Boden	15–20
trockener lehmiger Boden	20–25
feuchter lehmiger Boden	25–30
wassergesättigter lehmiger Boden	35

Die Temperatur der Sole liegt im Winterhalbjahr etwa zwischen 0 und -10 °C, ist also deutlich kälter als das Grundwasser in 10 m Tiefe. Da die Sole zähflüssiger ist als Wasser, darf der Stromverbrauch der Soleumwälzpumpe bei der Berechnung der Leistungs- und Jahresarbeitszahl nicht vernachlässigt werden. Bei einer Anlage mit 8 kW Heizleistung braucht eine richtig dimensionierte Pumpe etwa 400 bis 500 W Strom und vermindert dementsprechend die Leistungszahl. In der Praxis sind mit effizienten Erdreich/Wasser-Wärmepumpen Jahresarbeitszahlen zwischen 3,5 und 4,0 erreichbar.

Einige Firmen bieten Erdreich-Wärmepumpen an, bei denen das Kältemittel direkt durch den Erdkollektor zirkuliert (**Direktverdampfer**). Dies hat den Vorteil, dass der zweite Wärmeübergang und die Solepumpe eingespart werden. Nachteilig ist, dass der gesamte Erdkollektor unter relativ hohem Druck steht, so dass höhere Anforderungen an die Rohrleitungen im Erdreich gestellt werden. Die Arbeitszahlen sind bei den Direktverdampfern etwas höher als bei Anlagen mit dem Solekreislauf.

Vertikale Erdsonden

Die vertikale Verlegung, bei der senkrechte Erdsonden aus Kunststoff (Polyethylen) 30 bis 100 Meter tief in den Boden gebracht werden, braucht erheblich weniger Fläche, ist aber in ganz Europa genehmigungspflichtig. Die Sonden bestehen meist aus einem doppelten U-Rohr (⟶ Abbildung 33). Die Sole wird durch zwei Rohre nach unten gepumpt, dort umgelenkt und durch die anderen beiden Rohre wieder nach oben gefördert. Die Wärmeübertragung vom Erdreich an die Sole ist umso besser, je mehr Grundwasser vorhanden ist. In Tabelle 10 ist die Wärmeentzugsleistung verschiedener Böden angegeben. In sehr günstigen Fällen kann die Wärmeentzugsleistung sogar bei 80 bis 120 W pro laufenden Meter liegen.

Bei größeren Gebäuden mit Pfahlgründung können die Betonpfähle zur Wärmegewinnung genutzt werden, wenn sie mit Kanälen für die Sole ausgestattet sind.

Vertikale Erdsonden haben den Vorteil, dass sie praktisch überall installiert werden können und damit relativ hohe Arbeitszahlen möglich sind. Nachteilig ist ihr relativ hoher Preis.

Abbildung 33: Sole/Wasser-Wärmepumpe mit Erdsonde

Tabelle 10: Spezifische Wärmeentzugsleistung bei Erdsonden in Watt je lfd. Meter bei ca. 2.000 Vollbetriebsstunden pro Jahr (VDI 4640 Bl. 2).

Bodenart	Wärmeentzugsleistung
Kies, Sand, trocken	‹ 20
Kies, Sand, Wasser führend	55–65
Ton, Lehm, feucht	30–40
Kalkstein (massiv)	45–60
Sandstein	55–65
Saure Magmatite, z.B. Granit	55–70
Basische Magmatite, z.B. Basalt	35–55
Gneis	60–70

TIPP: Bei Erdkollektoren und Erdsonden ist es wichtig, dass dem Boden nicht mehr Wärme entzogen wird als nachströmt. Ansonsten besteht Vereisungsgefahr (im Extremfall: Dauerfrostboden im Garten!) und die Stromrechnung steigt enorm an. Die Zahlen in Tabelle 9 und Tabelle 10 gelten für maximal 2.500 Stunden im Jahr. Dann haben die Wärmequellen genügend Zeit sich zu regenerieren.

Luft

Außenluft: Luft als Wärmequelle ist leicht und kostengünstig zu erschließen, hat aber den Nachteil, dass sie ausgerechnet dann die niedrigsten Temperaturen hat, wenn der Wärmebedarf am höchsten ist. Früher arbeiteten Luftwärmepumpen deshalb nur bis zu Außentemperaturen von +3 °C. Wurde es kälter, schaltete sich ein konventioneller Kessel ein (**bivalente** Betriebsweise). Die Montage von zwei Wärmeerzeugern ist jedoch technisch sehr aufwändig und entsprechend teuer. Heute werden **monoenergetische** Luft/Wasser-Wärmepumpen angeboten. Sie haben für extreme Außentemperaturen einen Elektroheizstab, dessen Einsatz die Energiebilanz massiv verschlechtern kann! Ein Holzofen ist für kalte Tage sehr zu empfehlen.

Abbildung 34: Luft/Wasser-Wärmepumpe mit außen liegendem Absorber (Splitanlage)

Luft/Wasser-Wärmepumpen gibt es in zwei Bauformen:
* Bei Splitanlagen (⸳⸳⸳➔ Abbildung 34) wird der Luft-Sole-Wärmetauscher draußen aufgestellt. Er sieht aus wie ein Autokühler mit dem Unterschied, dass dort Wärme aufgenommen statt abgegeben wird.

- Bei der zweiten Variante ist der Wärmetauscher in der Wärmepumpe installiert, so dass die Außenluft durch die Wärmepumpe geblasen werden muss. Dafür sind zwei Öffnungen mit jeweils 0,5 m² Fläche in der Wand nötig.

Beide Varianten machen Geräusche, die vor allem nachts störend sein können. Luft/Wasser-Wärmepumpen sollten grundsätzlich nur an Flächenheizungen betrieben werden.

Abluft: In neuen Häusern werden zunehmend Lüftungsanlagen mit Wärmerückgewinnung eingebaut (⋯→ Kapitel Lüftungsanlagen). Dabei wird eine kleine Wärmepumpe verwendet, um der Abluft die Wärme zu entziehen und dem Heizsystem oder der Warmwasserbereitung zuzuführen. Doch selbst in Niedrigstenergie- und Passivhäusern reicht die zurück gewonnene Wärme nicht aus, um das Haus mit genügend Wärme zu versorgen. Deshalb ist ein zusätzlicher Erdkollektor oder eine weitere Heizquelle erforderlich. Manchmal wird einfach ein Elektroheizstab zugeschaltet, der jedoch die Stromkosten enorm in die Höhe treiben kann.

Dimensionierung von Heizwärmepumpen

Für den Betrieb von Wärmepumpen bieten die Stromversorger verbilligten Strom an, der aber zu Spitzenzeiten gelegentlich abgeschaltet wird. In der Investition sind Wärmepumpen und die Erschließung der Wärmequelle sehr teuer (⋯→ Tabelle 12). Deshalb sollte die Anlage so klein wie möglich ausgelegt werden. Die erforderliche Heizleistung des Hauses bei einer Auslegungstemperatur (meist -12 °C) wird nach DIN EN 12831 berechnet und beträgt bei dem Beispiel (s. Textfenster) 6 kW. Über einen Zeitraum von 24 Stunden wird am kältesten Tag des Jahres eine Wärmemenge von 6 kW x 24 h = 144 kWh benötigt, um alle Räume des Hauses im Mittel auf 20 °C zu beheizen. Wenn der Strom am kältesten Tag des Jahres für 3 Stunden abschaltet wird, muss die Heizleistung der Wärmepumpe noch etwas größer ausfallen: 144 kWh/21 h = 6,9 kW.

Man kann bei den Investitionskosten erheblich Geld sparen, wenn man die Wärmepumpe trotz Sperrzeiten nicht größer (als 6 kW) dimensioniert. Denn in der Praxis werden Häuser bei sehr strengem Frost meist nicht vollständig beheizt oder es gibt noch einen Holzofen, der eine gewisse Heizlast übernimmt.

Berechnungsbeispiel Sole/Wasser-Wärmepumpe

Einfamilienhaus 130 m², 4 Personen, Neubau bzw. rund herum Wärme gedämmter Altbau

Fußboden- und Wandheizung, max. 35 °C Vorlauftemperatur

Erforderliche Heizleistung bei -12 °C: 5,2 kW nach DIN EN 12831

Wärmebedarf für Warmwasser: ca. 0,2 kW je Person

Gesamte erforderliche Heizleistung: 6 kW

Sperrzeiten des Energieversorgers: 3 Stunden je Tag

Erforderliche Heizleistung: 6,9 kW

Der Installateur bietet eine Wärmepumpe mit 7 kW Heizleistung.

Wie groß muss der Erdkollektor sein, wie lang muss die Erdsonde sein?

Da die WP nur mit maximal 35 °C Vorlauftemperatur arbeitet, kann man mit einer Jahres-Arbeitszahl von 4 rechnen inkl. Warmwasserbereitung. Das bedeutet:

Heizleistung (100 %): 7.000 W

elektrische Leistung (25 %): 1.750 W

Wärmeleistung aus Erdreich (75 %): 5.250 W

Erdkollektor:

Bei feuchtem sandigem Boden beträgt die Entzugsleistung 15 bis 20 W/m² (⋯→ Tabelle 9).

Der Erdkollektor muss eine Fläche von 260 bis 350 m² haben.

Erdsonde:

Bei Wasser führendem Sand- oder Kiesboden ist eine Entzugsleistung von 55 bis 65 W/m möglich (⋯→ Tabelle 10).

Die Sondenlänge muss 80 bis 95 m sein. Eventuell würde man zwei Bohrungen mit je 40 bis 50 m Tiefe anbringen.

Stromverbrauch pro Jahr bei 2.400 Betriebsstunden für Heizung und Warmwasser:

2.400 Std. x 1,75 kW = 4.200 kWh pro Jahr.

Stromkosten pro Jahr (16 Cent je kWh, Wärmepumpentarif):

672 €

Zum Vergleich:

Kosten bei Beheizung mit Erdgas (inkl. Grundgebühr):

1.158 € oder

mit Heizöl: 1.008 €

Um häufiges **Takten** (ein–aus–ein–aus ...) der Wärmepumpe zu vermeiden und um die Abschaltzeiten des
Elektrizitätswerks zu überbrücken, sollte eine Wärmepumpe nach Möglichkeit immer mit einem Warmwasserspeicher oder Pufferspeicher von 100 bis 500 Liter Volumen ausgestattet werden. Eine relativ träge Fußbodenheizung hat zwar bereits eine gewisse Pufferwirkung.
Diese reicht aber normalerweise nicht aus.
Wenn eine Heizwärmepumpe installiert wird, sollte diese
auch die Warmwasserbereitung übernehmen. Und wenn
schon ein großer Warmwasser-Speicher installiert wird,
ist eine Solarkollektoranlage die ideale Ergänzung.

Sommerkühlung: Da es in der Erde im Hochsommer sehr
kühl ist, kann man den Sole- oder Grundwasserkreislauf
im Sommer auch zur Kühlung des Hauses benutzen. Bei
abgeschalteter Wärmepumpe kühlt man das Wasser, das
durch die Heizkörper zirkuliert, über einen Wärmetauscher
mit der Sole bzw. dem Grundwasser. Dafür müssen zwei
Pumpen in Betrieb genommen werden: Die Heizungsumwälzpumpe und die Sole- bzw. Grundwasserumwälz-
pumpe. Die überschüssige Wärme wird in die Erde transportiert und trägt zur Regeneration der Bohrlöcher bei.
Sofern die beiden Pumpen wirklich nur an heißen Tagen
in Betrieb sind, ist der Stromverbrauch akzeptabel und
weitaus geringer als der von Klimaanlagen.

Heizsysteme im Preisvergleich

Wärmepumpenstrom wird von den Elektrizitätswerken für
etwa 16 Cent pro kWh angeboten. Dazu muss ein Doppeltarifzähler beantragt werden. Bei der Jahresarbeitszahl
von 4 (das erreicht nur eine sehr gute Wärmepumpenanlage mit Fußbodenheizung) kann man die Stromkosten
durch 4 teilen und erhält den Wärmepreis. Die Wärme kostet somit etwa 4 Cent pro kWh – ohne Kapital- und Repa-
raturkosten. Etwas teurer wird es mit Ökostrom, der zu
100 % aus erneuerbaren Quellen stammt: Er wird für etwa
21 Cent pro kWh geliefert, sodass die Kosten für die Wärme bei 5,25 Cent pro kWh liegen. In diesem Fall hat man

eine nahezu schadstofffreie Heizung. Zum Vergleich: Erd-gas und Heizöl werden derzeit für etwa 6,0 Cent pro kWh angeboten. Wärme aus einer Wärmepumpenanlage ist also deutlich billiger als Wärme aus einer Heizungsanlage mit fossilen Brennstoffen – sofern eine gute Arbeitszahl erreicht wird.

Beim Einsatz von Wärmepumpen gibt es weder Schornsteinfegergebühren noch Wartungskosten. Und die Mehrkosten für den Doppeltarifstromzähler sind deutlich niedriger als die Gasgrundgebühren. Wenn alles gut läuft, arbeitet die Wärmepumpe viele Jahre lang stö-rungsfrei wie ein Kühlschrank. Falls Reparaturen anfallen, dürften diese allerdings 50 bis 100 % über denen kon-ventioneller Heizanlagen liegen.

Die Investitionskosten von Wärmepumpenanlagen hän-gen stark von der Heizleistung ab, deshalb sollte die Anlage möglichst klein bemessen werden und der Wär-meschutz des Gebäudes optimiert sein. Beim Bau einer Wärmepumpen-Heizungsanlage sind verschiedene Hand-werker (Brunnenbauer, Heizungs- und Elektroinstallateu-re) beteiligt. Die sorgfältige Abstimmung der einzelnen Arbeiten aufeinander ist für die Funktion und Effizienz der Wärmepumpe von zentraler Bedeutung.

Tabelle 11 zeigt die Investitionskosten verschiedener Wärmepumpenanlagen.

Tabelle 11: Kosten (inkl. MwSt) von Wärmepumpen mit 8 bis 9 kW Heizleistung

	Gerät und Montage €	Wärmequelle und Montage €	Gesamtkosten €
Luft	11.000–13.000	500–2.000	12.000–15.000
Sole Erdkollektor	9.000–13.000	2.000–4.000	14.000–17.000
Sole Erdsonde	9.000–13.000	7.000–10.000	18.000–22.000
Grundwasser	9.000–12.000	5.000–9.000	15.000–20.000

In Tabelle 12 sind die Investitionen für eine Wärmepumpe
mit Erdkollektor und Solaranlage für Warmwasser im Vergleich zu anderen Heizsystemen dargestellt. Zu beachten
ist, dass Gas, Öl und Holz auch noch einen Schornstein
benötigen.

Tabelle 12: Investitionskosten verschiedener Heizsysteme inkl. Montage und MwSt

Anlagentyp	Preise in €
Solaranlage für Warmwasser	4.000–7.000
Solaranlage für Warmwasser und Heizungsunterstützung	9.000–13.000
Erdgas-Brennwertkessel mit Warmwasserspeicher	5.000–6.000
Heizöl-Brennwertkessel mit Warmwasserspeicher	7.000–8.500
Öl- oder Gas-Brennwertkessel und Solaranlage für Warmwasser und Heizungsunterstützung	15.000–20.000
Holz-Pelletkessel, Beschickungsvorrichtung und Solaranlage für Warmwasser	20.000–23.000
Wärmepumpe mit Erdkollektor und Solaranlage für Warmwasser	20.000–25.000

Gilt für ein Einfamilienhaus mit ca. 130 m² Wohnfläche, Neubau, 4-Personen-Haushalt, Wärmeschutz gemäß Energieeinsparverordnung 2007. In den Preisen sind Heizflächen und Wärme-
verteilung sowie Gasanschluss bzw. Öltank ebenso wenig berücksichtigt wie eventuelle Zuschüsse. Für Solaranlagen, Heizkessel und Wärmepumpen gibt es Zuschüsse vom Bundesamt für Wirtschaft und Ausfuhrkontrolle (BAFA) (···→ Kapitel Adressen).

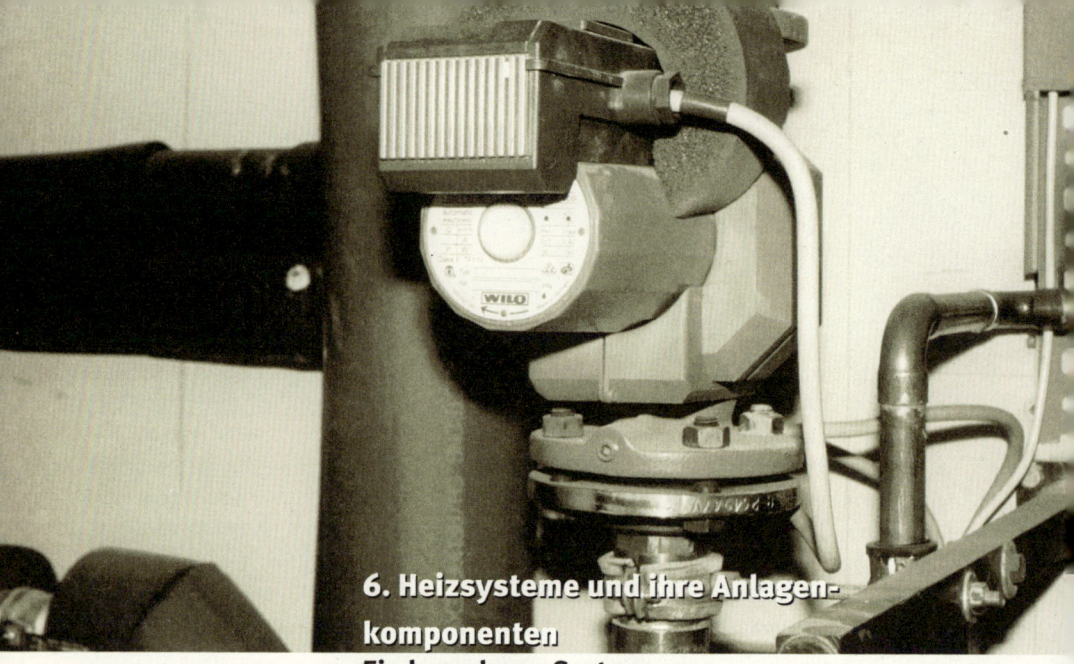

6. Heizsysteme und ihre Anlagen-komponenten

Ein komplexes System

Der Wärmeerzeuger ist zwar das Herzstück eines Heizungssystems, eine optimale Energieausnutzung ist aber vom Zusammenspiel aller Systemkomponenten abhängig. Dazu gehören die Regelung, das Rohrsystem, die Pumpen, der Schornstein und die Heizkörper.
Heizkessel, Heizkörper und Heizwassertemperatur werden bei der Planung einer Heizungsanlage auf den rechnerisch kältesten Tag im Jahr ausgelegt (je nach geographischer Lage -10 bis -16 °C). Um ein Haus bei solchen Temperaturen warm zu bekommen, wird bei mangelhaftem Wärmeschutz beispielsweise eine Heizwasser-Vorlauftemperatur von 80 °C benötigt. In besser gedämmten Häusern reichen bei gleicher Heizkörpergröße dagegen am kältesten Tag schon 50 °C aus. Die Heizkörper werden in der Regel so bemessen, dass am kältesten Tag des Jahres die Heizungsrücklauftemperatur etwa 20 °C kälter als die Vorlauftemperatur ist. Da die Winter jedoch meist viel wärmer sind – im Mittel liegen unsere Wintertemperaturen bei +5 °C – muss nur selten mit voller Leistung geheizt werden.
Es ist empfehlenswert die Heizungsanlage immer mit möglichst niedriger Temperatur zu betreiben. Denn eine

hohe Vorlauftemperatur (Kesseltemperatur) hat folgende
Nachteile:

- Die Wärmeverluste des Heizgeräts und der Heizrohrleitungen sind umso größer, je höher die Temperaturen sind.
- Heiße Heizkörper verursachen starke Luftströmungen
  (Konvektion) im Zimmer und damit verstärkte Staubaufwirbelungen.
- Der Wirkungsgrad von Brennwertkesseln, Solarkollek-
  toranlagen und insbesondere Wärmpumpen sinkt mit
  zunehmender Heizwassertemperatur stark ab.

Durch Wärmedämmung und die Größe der Heizkörper
kann man Einfluss auf die erforderliche Heizwassertemperatur nehmen.

Kesselregelung

In modernen Heizungsanlagen (Brennwertkessel, Wärmepumpen) fließt das durch den Wärmeerzeuger erwärmte
Heizungswasser direkt durch die Heizkörper und wieder
zurück. Die Temperatur dieses Heizwassers kann über einen Außentemperaturfühler je nach Wärmebedarf zwischen 30 und 80 °C geregelt werden.
Einige Kessel reagieren empfindlich, wenn die Kesseltemperatur stark abgesenkt wird: Wenn das Abgas unter
den Taupunkt (Gas 56 °C, Öl 47 °C) abkühlt, entsteht flüssiges, leicht saures Wasser (Kondenswasser), das einfache
(veraltete) Stahlkessel korrodieren lässt. In diesem Fall be-
treibt man den Kessel ständig mit hoher Temperatur
(Konstanttemperaturkessel). Erst hinter dem Kessel beginnt man mit der Regelung: Ein Mischer mischt Heizungsrücklaufwasser dem Vorlauf bei. Der Kessel wird weiter mit
mindestens 60 °C betrieben. Der Mischer wird bei alten
Anlagen per Hand, ansonsten per Motor bzw. über eine
Elektronik je nach Wärmebedarf verstellt. Folgende Heizungsanlagen benötigen eine solche Mischerregelung:

- Holzkessel: Diese müssen meist mit mindestens
  60 °C betrieben werden, weil es außer dem Kondensat auch noch Staub gibt. Beides zusammen verschmutzt den Wärmetauscher.

- Mischsysteme: Zusätzlich zu herkömmlichen Heizkörpern gibt es noch eine Fußbodenheizung, die mit verminderter Temperatur betrieben wird.
- Heizkreise mit zeitlich unterschiedlicher Nutzung: z.B. für Wohn- und Büroräume. In diesen Fällen wird jeder Heizkreis mit einer Mischerregelung versehen, um Nachtabsenkungen bzw. Wochenprogramme separat einstellen zu können.
- Veraltete Öl- und Gaskessel.

Um die Heizleistung einer Heizungsanlage dem Wärmebedarf bzw. den wechselnden Außentemperaturen anzupassen, gibt es folgende Regelungen:

Innentemperaturregelung: Im einfachsten Fall wird die Heizung über einen (meist im Wohnzimmer angebrachten) Innentemperaturfühler geregelt, der lediglich die Umwälzpumpe ein- und ausschaltet. Bessere Systeme verändern zusätzlich die Vorlauftemperatur. Die Innentemperaturregelung hat den Nachteil, dass sie sich nur nach einem mehr oder minder repräsentativen Raum richtet. Scheint dort die Sonne durchs Fenster, schaltet der Regler die Heizung ab. Die Räume auf der Nordseite erhalten keine Wärme mehr und kühlen aus. Umgekehrt arbeitet die Heizung mit voller Leistung, wenn bei niedrigen Außentemperaturen der Führungsraum gelüftet wird oder die dortigen Heizkörper abgedreht wurden.

Damit die Innentemperaturregelung wirksam ist, müssen die Heizkörperventile im Führungsraum immer geöffnet sein. Wenig genutzte Zimmer sind als Führungsraum nicht geeignet. Alles in allem ist von der Innenraumregelung abzuraten, weil sie meist nicht zufrieden stellend funktioniert. Bestenfalls ist sie in kleinen Etagenwohnungen oder für Raumgruppen mit gleicher Orientierung und Nutzung akzeptabel.

Die **Außentemperaturregelung** oder **witterungsgeführte Regelung** ist bei Neuanlagen Standard. Sie regelt die Heizungsvorlauftemperatur (oder besser die Kesseltemperatur) nach der Außentemperatur. Ein Haus, das bei -10 °C eine Vorlauftemperatur von 80 °C benötigt, braucht bei +10 °C nur 45 °C (Abbildung 35 auf S. 91 zeigt die Kesseltemperatur in Abhängigkeit von der Außentemperatur; Kennlinie B). Ein besser gedämmtes Haus kann man beispielsweise mit der Kennlinie A beheizen. Bei frostigem Wetter reichen in diesem Haus schon 50 °C aus, und bei +10 °C sind nur 28 °C erforderlich. Je nach Außentemperatur stellt die Regelung die entsprechenden Vorlauftemperaturen ein.

Bei neuen Heizkesseln sind in Deutschland normalerweise die Kennlinie 1,5 oder 2,0 (B) voreingestellt. Da der Installateur das Haus nicht kennt, belässt er die Einstellung in der Regel auf dem vom Hersteller voreingestellten Wert. Dann arbeitet die Anlage allerdings nicht sparsam. Um die richtige Kennlinie zu finden, muss man das Haus an sehr kalten und an sehr milden Tagen beobachten. Beginnen sollte man mit einer flachen Kurve, z.B. A. Zeigt sich, dass es an sehr kalten Tagen nicht warm genug wird, muss eine steilere Kurve eingestellt werden. Umgekehrt ist es, wenn z.B. eine Wärmedämmmaßnahme am Haus durchgeführt wurde.

Anschließend kann und sollte man eine flachere Heizkurve wählen.

Außer der Neigung kann man in der Regel auch noch den Punkt 20/20 (Abbildung 35) verschieben. Dieser Punkt ist wichtig, um der Heizung mitzuteilen, ab welcher Außentemperatur geheizt werden soll. Bei einigen Häusern muss der Heizbeginn erst starten, wenn 12 °C draußen unterschritten werden, bei anderen muss bereits bei 20 °C geheizt werden.

Lesebeispiel: Ein Gebäude mit gutem Wärmeschutz benötigt bei einer Außentemperatur von +5°C eine

Abbildung 35: Kesseltemperatur in Abhängigkeit von der Außentemperatur

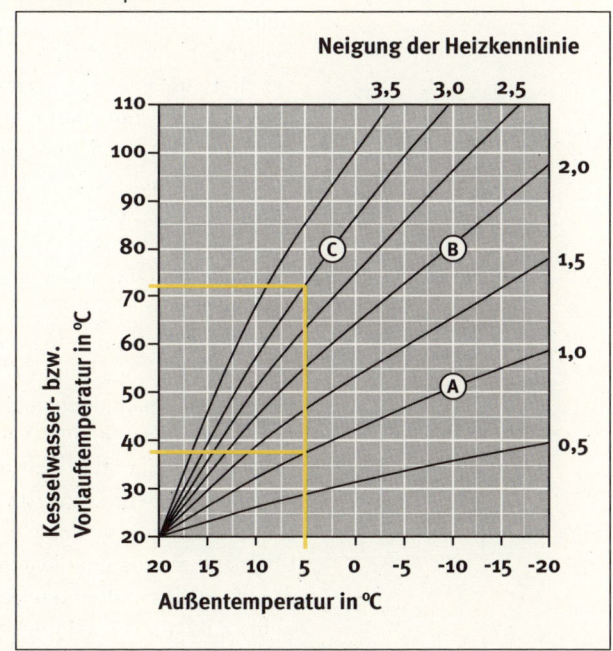

Vorlauftemperatur von 38 °C (Heizkennlinie A). Ein Haus mit sehr schlechtem Wärmeschutz braucht dagegen 72 °C (Kennlinie C). Je geringer die Vorlauftemperatur ist, desto besser ist das Raumklima (geringe Luft- und Staubumwälzung) und desto geringer ist der Energieverbrauch.

Die richtige Einstellung der Heizung ist oft sehr kompliziert, und man kann in die Regelung oft nur mit einem Passwort eingreifen. Da es Hunderte von Regelungen gibt, ist auch der Installateur häufig überfragt bzw. an kalten Tagen nicht zur Stelle. Man kann eine Menge Energie und Geld sparen, wenn man hier selbst aktiv wird und die Bedienungsanleitung gründlich liest. Meist ist eine telefonische Hotline der Herstellerfirma in der Anleitung angegeben, die bei Veränderung der Einstellung behilflich ist.

Die meisten Regelungen bieten noch weitere – recht kompliziert zu bedienende – Einstellmöglichkeiten zur Energieeinsparung an, wie z.B. die nächtliche Absenkung und Urlaubszeit.
Sinnvoll ist eine Optimierungsschaltung, die in der heizfreien Zeit die Pumpe für längere Perioden abschaltet. Zwischendurch wird sie für kurze Zeitintervalle angeschaltet, um ein „Festsetzen" zu verhindern. Die Tendenz geht ohnehin zum Einbinden der Pumpe in die Kesselregelung, also ein bedarfsgerechtes Herunterregeln der Pumpe zur Nacht bzw. eine komplette Pumpenfunktionskontrolle. Eine Kombination aus Außen- und Innentemperaturregelung (Raumtemperaturaufschaltung) bringt im Vergleich zur reinen Außentemperaturregelung nur eine geringe zusätzliche Energieeinsparung. Interessant sind dagegen selbstlernende Steuerungen, die selbstständig die richtige Heizkennlinie ermitteln.
Viele Kesselregelungen können einen zusätzlichen Mischerkreis ansteuern. Die Regeleinheiten sind heute überwiegend modular und steckerfertig aufgebaut; Zusatzbausteine für weitere Mischerkreise bzw. für die Einbindung einer Solaranlage oder eines Holzkessels sind ohne großen Kostenaufwand erhältlich.
Auch das Einschalten der Heizung übers Handy ist längst keine Zukunftsvision mehr.

TIPP: Es lohnt sich, die Bedienungsanleitung für die Regelung der Heizungsanlage gründlich zu studieren und die Regelung richtig einzustellen. Damit kann man den Energieverbrauch oft um 10 bis 15 % absenken. Bei Verständnisproblemen hilft Ihnen der Kesselhersteller (Hotline) oder die Energieberatung Ihrer Verbraucherzentrale (⇢ Kapitel Adressen) gerne weiter.

Einzelraumregelungen

Außer der zentralen Regelung ist es natürlich wichtig und nach Energieeinsparverordnung vorgeschrieben, die Temperaturen in jedem Raum zu regeln. Dazu dienen im Allgemeinen **Thermostatventile**, die die eingestellte Raumtemperatur selbsttätig konstant halten. Damit sie optimal arbeiten und bei einer Raumerwärmung durch Sonnenstrahlen rechtzeitig schließen, muss die Vorlauftemperatur über die Außentemperaturregelung angepasst werden. Falls das Ventil (z.B. in Nischen) nicht von der Raumluft „umspült" werden kann, empfehlen sich Ventilköpfe mit Fernfühler. Bei speziellen Wünschen an die Beheizung bestimmter Räume können elektronische Thermostatventile zweckmäßig sein, mit denen sich die Raumtemperatur programmieren lässt; sie sind im Fachhandel ab ca. 50 € erhältlich. In gut gedämmten Häusern bringen solche Ventile aber kaum noch Einsparungen, weil die Temperatur kaum abfällt, wenn der Heizkörper z.B. 24 Stunden abgeschaltet wird.

Im Handel kann man unterschiedliche Qualitäten von Thermostatventilen erwerben: So genannte 2-K-Ventile regeln die Temperatur ungenauer als 1-K-Ventile (K = Kelvin Schalttemperaturdifferenz). Vorteile des 1-K-Ventils: Geringere Schwankungen der Raumtemperatur und damit angenehmeres Raumklima und Energieeinsparung.

Um an den einzelnen Heizkörpern die maximale Wasser-Durchflussmenge einstellen zu können (**Hydraulischer Abgleich**), sollten stets voreinstellbare Thermostatventile gewählt werden.

Abbildung 36: Thermostatventil

Auch für **Fußboden- heizungen** und **Wand- heizungen** sind Einzel- raumregelungen vorge- schrieben: Entweder handelt es sich dabei um Thermostatventile oder um **elektronische Raumfühler**. Letztere senden Signale an Motoren, die die Ventile auf dem Heizkreisverteiler auf- oder zudrehen. Die Si- gnale des Raumfühlers können per Kabel oder auch per Funk übertragen werden. Letzteres hat vor allem bei einer Nachrü- stung den Vorteil, dass kei- ne Leitungen verlegt werden müssen. Nachteilig ist, dass nach zwei bis fünf Jahren die Batterien ausgewechselt werden müssen.

Elektronische Raumregler gibt es leider auch in sehr schlechter Qualität: Ein Regler mit einer Hysterese von 2 K ist völlig unbrauchbar, weil Fußbodenheizungen ohnehin sehr träge sind. Es gibt auch Regler mit 0,5 K Hysterese oder weniger.

Auch bei alten Fußbodenheizungen, wo die Heizkreise nur per Hand auf und zu gedreht werden können, lohnt es sich Einzelraumregler einzubauen. Die Energieeinspar- ung dürfte mindestens bei 10 bis 15 % liegen, und man gewinnt Wohnqualität, weil es nicht mehr so starke Tem- peraturschwankungen gibt.

TIPP: Selten genutzte Räume sollten nur mit etwa 12 bis 16 °C temperiert werden. Die Verluste bei Dauerbeheizung sind in der Regel höher als die Anheizverluste. Die Türen zur Restwohnung sollten geschlossen bleiben, da sich in den **Kalträumen** sonst Kondenswasser aus der warmen Wohnung niederschlägt und Schimmelgefahr besteht. **Thermostatventile** wollen richtig bedient sein: Werden sie immer nur voll geöffnet (Position ❺) oder ganz zugedreht, können sie die Raumtemperatur nicht regeln. Günstiger ist normalerweise die mittlere Position ❸, weil dann die Heizwasserzufuhr bei einer Temperatur von z.B. 21 °C automatisch gedrosselt wird. Bei Anwesenheit sollte das Ventil deshalb nicht höher als auf Position ❸ gestellt werden und beim Verlassen des Raums nicht tiefer als auf Position ❶.

Thermostatventile und Raumregler gibt es auch in programmierbarer Form.

Hätten Sie übrigens gewusst, wie stark der Energieverbrauch in gleichartigen Gebäuden voneinander abweichen kann? Er liegt mitunter bis zur Hälfte unter dem mittleren Verbrauch, kann aber auch doppelt so hoch sein! Diese gewaltigen Abweichungen sind weniger auf die unterschiedlichen Wärmebedürfnisse der Nutzer zurückzuführen, als vielmehr auf das unterschiedliche Heiz- und Lüftungsverhalten!

Rohrnetz

Das Bindeglied zwischen Wärmeerzeuger und Heizflächen ist bei Warmwasser-Heizungen das Rohrnetz, für das früher Stahlrohre, danach Kupferrohre und in neuerer Zeit auch Kunststoffrohre eingesetzt werden.
In vielen Altbauten geht über die Rohrleitungen schon bis zu 30 % der im Kessel eingesetzten Energie verloren, wenn die dicken alten Stahlrohrleitungen mangelhaft oder gar nicht gedämmt durch den kalten Keller oder durch ungedämmte Außenwände verlaufen. Eine Dämmung der Rohre ist häufig nicht möglich. In diesen Fällen lohnt es sich die Heizrohre zu erneuern. Optimal ist es, wenn der Kessel und die neuen Rohrleitungen innerhalb der **thermischen Hülle (d.h. im bewohnten und beheizten Bereich)** des Gebäudes installiert werden. Alle Wärmeverluste, die sich auch bei Neuanlagen nicht ganz vermeiden lassen, kommen dann der Raumheizung zu Gute. Auf diese Weise kann man bei Neubauten rund 10 % und in Altbauten weitaus mehr an Heizenergie einsparen.

Tabelle 13: Mindestdämmstärken von Heizrohrleitungen nach Energieeinsparverordnung 2009 (EnEV 2009)

Innendurchmesser	Mindestdicke der Dämmschicht in mm	
bis 22 mm	20 mm	100 %
22 mm bis 35 mm	30 mm	100 %
35 mm bis 100 mm	Gleich Innendurchmesser	100 %
Über 100 mm	100 mm	100 %

Der Gesetzgeber schreibt für die Dämmung des Rohrnetzes Mindeststärken vor (**Energieeinsparverordnung**): In nicht beheizten Räumen sollte die Dämmung demnach dem Rohr-Durchmesser entsprechen, mindestens jedoch 2 cm. Man spricht auch von „100 %-Dämmung". Die Dämmstoffschalen, die rund um die Rohrleitungen gelegt werden, müssen gut verklebt werden. Auch Armaturen und Umwälzpumpen sollten gedämmt werden.

TIPP: In vielen Altbauten sitzen die Heizkörper in Außenwand-Nischen. Ausgerechnet dort, wo die höchsten Temperaturen herrschen, ist die Wand besonders dünn! Das bedeutet, dass von der vom Heizkörper abgegebenen Energie 20 bis 30 % direkt durch die Wand verschwindet. Wir empfehlen, den Heizkörper aus der Nische herauszuholen und ihn gegebenenfalls nach Schließen der Nische durch einen Flachheizkörper zu ersetzen.
Ähnliches gilt für Unterflurkonvektoren in schlecht gedämmten Schächten unter dem Fenster.

Heizkörper oder Fußbodenheizungen können nur optimal arbeiten, wenn die Heizfläche richtig dimensioniert ist und von ausreichend Heizungswasser mit der vorgesehenen Temperatur durchströmt wird. Das Wasser sucht sich den Weg des geringsten Widerstandes, und das bedeutet, dass die Heizkörper, die nah am Heizkessel und der Pumpe sitzen, stärker durchströmt werden als die, die weiter entfernt sitzen. Dann ist eine sehr starke Pumpe erforderlich, damit auch der letzte Heizkörper genügend Wasser erhält. Ein hoher Stromverbrauch, Strömungsgeräusche und ein mangelhaftes Regelungsverhalten der

Heizkörper sind die Folge. Außerdem wird die Rücklauftemperatur unnötig angehoben, die den Wirkungsgrad eines Brennwertkessels verschlechtert.
Untersuchungen haben gezeigt, dass Umwälzpumpen in
Wohnhäusern im Durchschnitt um ein Dreifaches zu groß
dimensioniert sind.

Besser ist es, wenn ein **hydraulischer Abgleich** durchgeführt wird: Dazu müssen an den Heizkörpern voreinstellbare Thermostatventile eingebaut werden, an denen
man den maximalen Wasserdurchfluss einstellen kann.
Des Weiteren wird eine drehzahlgeregelte (Hocheffizienz-)
Pumpe im Heizkreis benötigt. Anschließend werden die
Heizkörper in jedem Raum erfasst und eine Wärme-
bedarfsberechnung für jeden Raum durchgeführt. Nach
dieser Berechnung werden die maximalen Durchfluss-
mengen an jedem Heizkörper eingestellt. Der hydrauli-
sche Abgleich ist recht
aufwändig, wenn er richtig
gemacht wird, aber es
lohnt sich: Geringerer
Strom- und Heizwärme-
verbrauch, weniger Geräu-
sche in der Heizung, bes-
sere Regelung an entfern-
teren Heizkörpern.
Wenn der Durchfluss rich-
tig eingestellt ist, be-
kommt jeder Heizkörper
nur so viel Wasser, wie er
braucht. Obwohl Heizungs-
installateure nach der **VOB**
(Verdingungsordnung für
Bauleistungen) Teil C –
DIN 18380 und **Energieein-**
sparverordnung dazu verpflichtet sind, einen hy-
draulischen Abgleich
durchzuführen, wird dies
nicht immer gemacht. Die
Kreditanstalt für Wieder-

Abbildung 37: Hydraulischer Abgleich (ASUE)

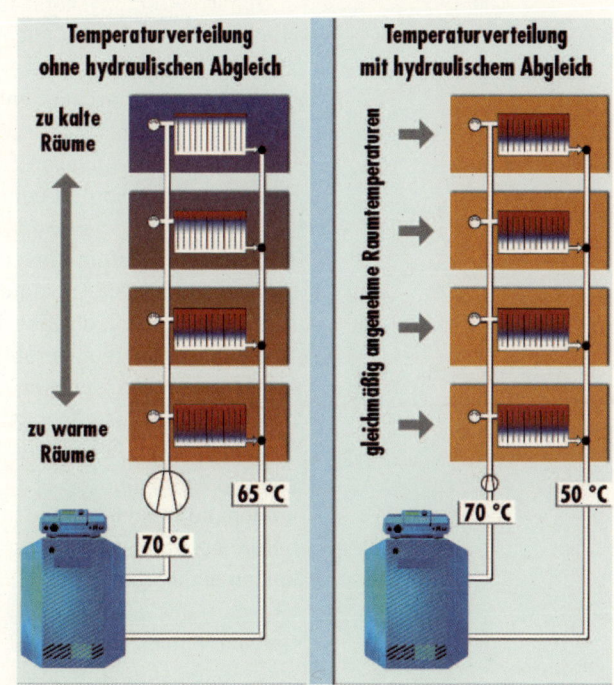

97

aufbau (KFW)fördert neue Heizungsanlagen nur noch, wenn dieser Abgleich durchgeführt wird. Von der KFW und vom Bundesamt für Wirtschaft gibt es auch direkte Zuschüsse für den hydraulischen Abgleich, voreinstellbare Thermostatventile und Hocheffizienzpumpen.

TIPP: Testen Sie Ihre Heizungsanlage bei voll geöffneten Thermostatventilen bei frostigem Wetter: Wenn alles richtig eingestellt ist, muss das **Temperaturgefälle** zwischen Vor- und Rücklaufanschluss bei allen Heizkörpern gleich sein.

Heizungspumpen

Herkömmliche Heizungspumpen haben nur Wirkungsgrade zwischen 5 und 20 % und werden als Anlagenbestandteil nur wenig beachtet. Hier gibt es jedoch ein sehr großes Einsparpotential. Falsch dimensionierte Heizungspumpen sind häufig nicht nur Stromfresser, sondern verursachen auch noch Strömungsgeräusche an den Thermostatventilen. Das kann besonders stören, wenn zum Beispiel an einem milden Frühlingstag die Pumpe mit voller Leistung gegen die geschlossenen Ventile arbeitet.

Heizungspumpen müssen von Fachleuten entsprechend dem maximalen Förderbedarf dimensioniert werden.

TIPP: In den meisten Häusern sind mehrstufige Heizungspumpen eingebaut. Oft laufen diese Pumpen ständig mit höchster Drehzahl, obwohl vielfach die kleinste Stufe ausreicht. Es sollte ausprobiert werden. Falls es an kalten Tagen nicht warm genug im Haus wird, kann man eine höhere Drehzahl einstellen. Es lohnt sich durchaus, mehrmals im Jahr die Pumpe den jahreszeitlichen Schwankungen des Wärmebedarfs anzupassen. Wird die Pumpe permanent auf der kleinsten statt auf der größten Stufe betrieben, kann man 50 bis 100 Euro pro Jahr an Stromkosten einsparen.

Günstiger im Stromverbrauch und in Bezug auf Geräuschemissionen sind differenzdruckgeregelte oder **drehzahl-**

geregelte Umwälzpumpen, die ihre Drehzahl innerhalb gewisser Grenzen automatisch herunterregeln, wenn sich der Druck im Leitungssystem durch Schließen der Thermostatventile erhöht. Das so genannte **Überströmventil** (⋯⇒ Abbildung 8, S. 29) zwischen Vor- und Rücklaufleitung ist ein Energievernichter und wird dann in vielen Fällen überflüssig. Drehzahlgeregelte Pumpen sparen allerdings nur dann Strom, wenn sie richtig dimensioniert sind.

In den letzten Jahren wurden sehr sparsame Umwälzpumpen mit Permanentmagnettechnik entwickelt. Sie erreichen wesentlich höhere Wirkungsgrade (bis 40 %) als die normalen Pumpen und wurden mit einem Energielabel versehen. Sie gehören der Energieeffizienzklasse A an. Mit einer solchen Pumpe kann man im Einfamilienhaus jährlich etwa 50 bis 100 Euro Strom sparen, so dass sich die Mehrkosten (mehrere hundert Euro) in wenigen Jahren amortisieren. Der Einbau solcher Pumpen wird von KFW und BAFA gefördert.

Schornstein

Die Abgase aus Feuerungsanlagen müssen in aller Regel in einem Schornstein über das Dach abgeführt werden. Eine direkte Ableitung wie früher über Außenwandgeräte bei Gasöfen ist in fast allen Bundesländern bei Neugeräten nicht mehr zulässig. Feste Energieträger wie Holz oder Kohle benötigen grundsätzlich größere Schornsteinquerschnitte als flüssige und gasförmige Brennstoffe. Daher ist es nicht ohne weiteres möglich, gleichzeitig die Verbrennungsgase eines Ölheizkessels und z.B. eines Kaminofens über einen Schornstein abzuführen.

Schornsteinprobleme treten häufig dann auf, wenn der alte Kessel – der vielleicht noch für feste oder flüssige Brennstoffe konzipiert war – gegen einen Neuen ausgetauscht wird: Durch die verbesserte Verbrennung und die geringeren Abgasverluste kühlen sich die Abgase im Kamin derart ab, dass der enthaltene Wasserdampf an der Innenwand kondensiert und den Schornstein durchfeuchtet und versottet.

Abhilfe verspricht hier eine Querschnittsverringerung durch Einziehen von Rohren aus Edelstahl, Kunststoff (Brennwertkessel), Keramik oder Glas. Flexible Stahlrohre neigen zum Rosten und haben sich weniger bewährt. Keramische Rohre haben sich bei Holzöfen gut bewährt, erfordern allerdings einen sorgfältigen Einbau.

Abgasleitung: Bei Brennwertgeräten haben die relativ kühlen Abgase praktisch keinen natürlichen Auftrieb mehr und müssen daher mit einem geringen Überdruck abgeführt werden. Die Abgasleitung muss druckdicht und unempfindlich für Kondensfeuchte sein. Meist bestehen die Abgasleitungen aus Kunststoff- oder Edelstahlrohren, die in einem Schornstein oder brandsicheren Schacht verlegt werden. Der Raum zwischen dem Rohr und dem alten Schornstein oder Schacht wird bei Brennwertkesseln in der Regel zur Zufuhr von Frischluft für den Kessel genutzt. Der Kessel ist damit **raumluftunabhängig**, so dass der Raum, in dem der Kessel steht, keine Frischluft-Löcher braucht. Und da die Frischluft im Gegenstrom an der Abluft vorbei streicht, kommt sie vorgewärmt in den Heizkessel und der Nutzungsgrad verbessert sich etwas. Bei einer Abgasleitung von weniger als 4 m können konzentrische – also doppelwandige – Abgasrohre eingesetzt werden: Das Abgas strömt durch das innere Rohr, und durch das äußere Rohr holt sich der Kessel die Frischluft.
Vielfach werden Gasbrennwertkessel unter dem Dach aufgestellt, da die kurzen Abgaswege Geld sparen. Wichtig ist dabei allerdings eine frostgeschützte Aufstellung, falls der Kessel (z.B. im Winterurlaub!) einmal ausfällt. Außerdem sollte unter der Heizungsanlage eine Auffangwanne angebracht sein, um bei Leckagen Schäden in den unteren Etagen vorzubeugen.

TIPP: Wenn Sie Fragen zu Ihrem Schornstein haben, sollten Sie grundsätzlich Ihren Bezirksschornsteinfegermeister fragen.

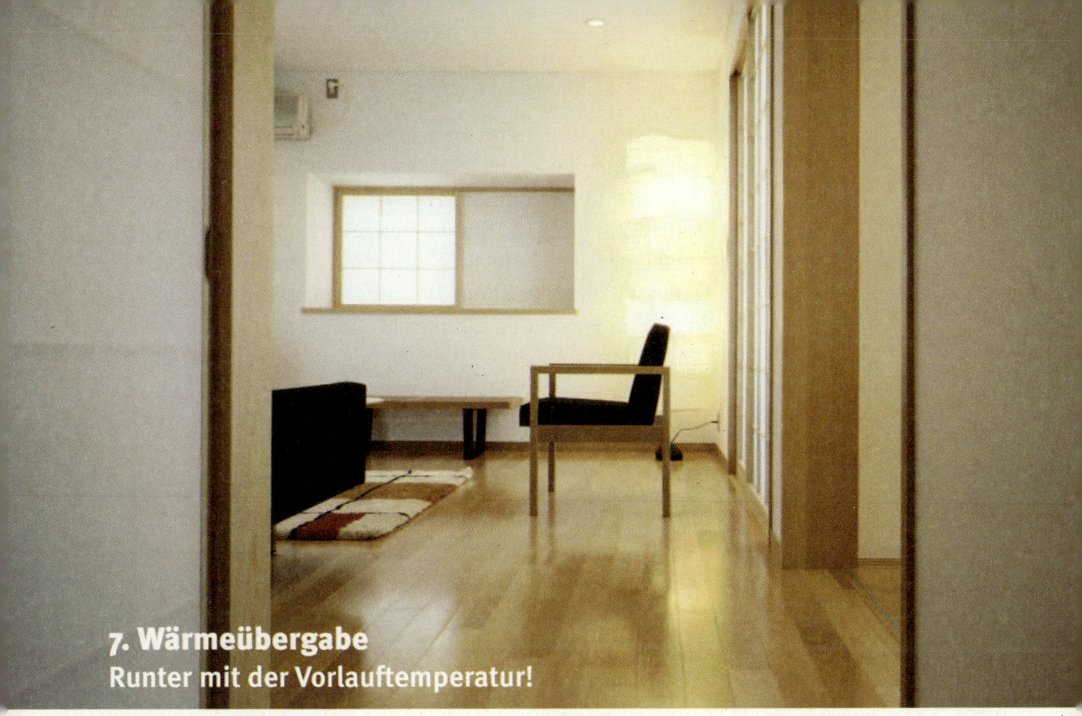

7. Wärmeübergabe
Runter mit der Vorlauftemperatur!

Behaglichkeit

Die Wärmestrahlung eines Gegenstands oder einer Fläche nimmt mit zunehmender Temperatur stark zu. Auch der menschliche Körper gibt viel Wärmestrahlung ab, weil er 37 °C warm ist. Hält man sich in einem Raum mit warmen Wänden auf, strahlen die Wände zurück. Man fühlt sich behaglich (⇢ Abbildung 38).

Abbildung 38: Behaglichkeit in Häusern mit schlechtem und gutem Wärmeschutz

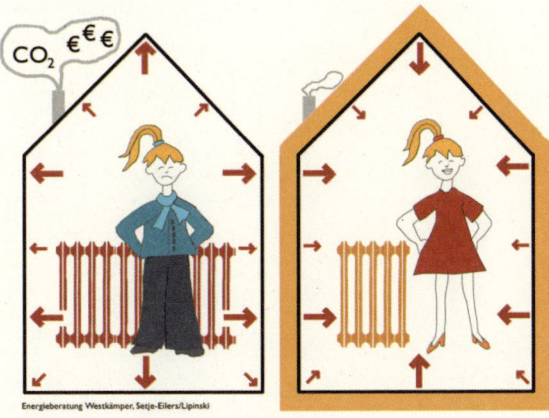

CO_2
€€€
Energieberatung Westkämper, Setje-Eilers/Lipinski

Ganz anders sieht es in einem Raum mit kalten Außenflächen aus (Extremfall: Zelt im Winter). Die Wände strahlen nahezu keine Wärme zurück. Die Person, die sich dort aufhält, gibt sehr viel Wärmestrahlung ab, erhält aber fast nichts zurück. Das Strahlungsgleichgewicht

ist gestört, und damit auch die Behaglichkeit. Es nützt auch nicht viel, wenn man die Lufttemperatur erhöht. Man hat das Gefühl, dass es zieht, auch wenn die Außenhülle total dicht ist. Um die Behaglichkeit etwas zu verbessern, müssen die Heizkörper mit hoher Temperatur (starke Wärmestrahlung) betrieben werden. Das hat allerdings zur Folge, dass starke Luftströmungen im Raum entstehen: Die Luft erhitzt sich an den heißen Heizkörpern und steigt nach oben. In Bodennähe strömt Kaltluft zum Heizkörper zurück. Diese Luftströmung sorgt für kalte Füße und Staubaufwirbelungen.

In einem Haus mit sehr gut gedämmter Außenhülle gibt es diese Kaltluftströmungen nicht. Auch gibt es nicht die starken Temperaturdifferenzen zwischen Fußboden und Decke. Das Raumklima wird als sehr behaglich empfunden. Abbildung 39 auf der folgenden Seite zeigt, wann es in einem Raum behaglich ist.

Heizkörper

Früher waren in den Häusern insbesondere die Fenster sehr kalt. Damit man sich im Winter trotzdem in ihrer Nähe aufhalten konnte, wurden und werden vor die Fenster Heizkörper installiert. Diese sollen durch aufsteigende warme Luft für einen Warmluftschleier vor dem Fenster sorgen.

Bei heutigen hochgedämmten Häusern mit Dreifach-Wärmeschutzverglasung ($U_g = 0,6$ W/m²K) müssen die Heizkörper dagegen nicht mehr unter dem Fenster angeordnet werden. Sie können irgendwo im Raum stehen. Man kann heute zwischen verschiedenen Heizkörpern oder besser Heizflächen wählen. Sie geben ihre Wärme teils durch Strahlung und teils durch Konvektion (Lufterwärmung und Luftströmung) an den Raum ab, wobei die Anteile je nach Heizfläche sehr unterschiedlich sein können. Da eine Strahlung angenehmer empfunden wird als die Konvektion, sollte man Heizkörper mit hohem Strahlungsanteil wählen. In mangelhaft gedämmten Häusern reichen reine Strahler nicht aus. Man benötigt zusätzlich die Konvektion, um dem Haus überhaupt genügend Wärme zufügen zu können.

Abbildung 39: Behaglichkeitsdiagramm (nach RWE Bau-Handbuch)

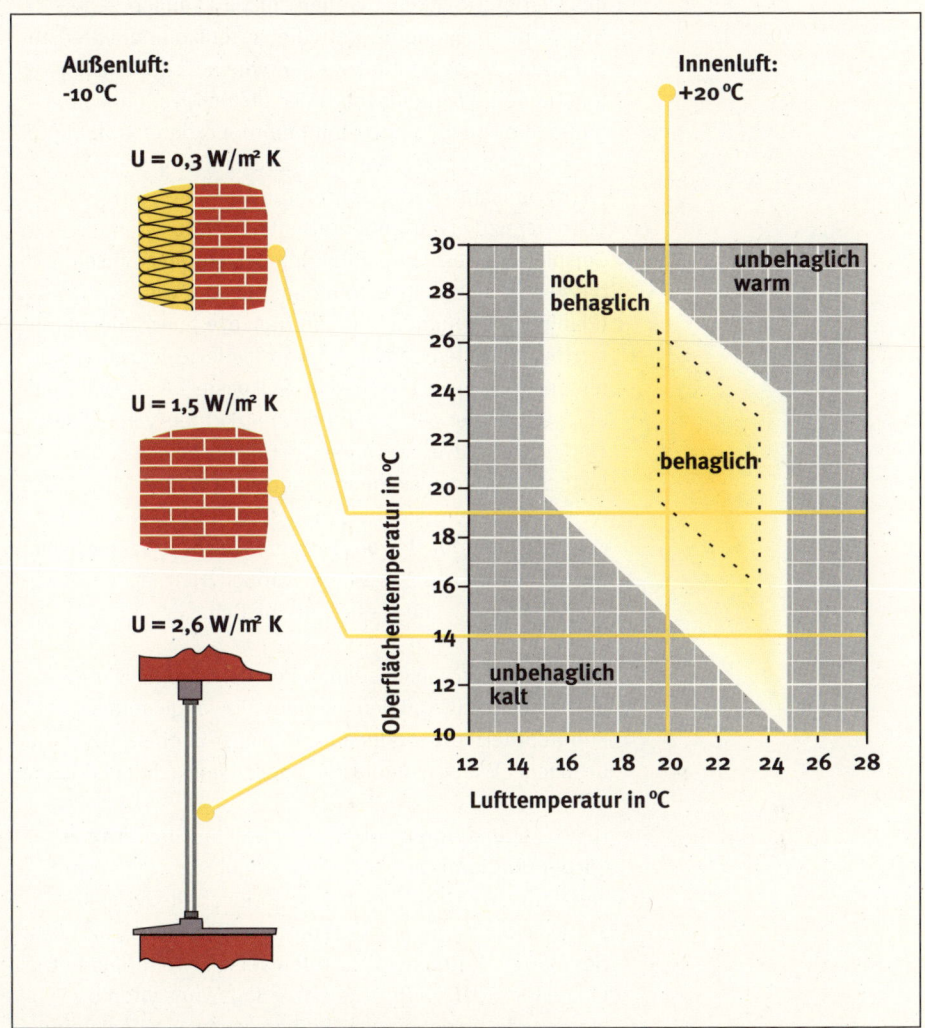

Lesebeispiel: Bei einem schlecht gedämmten Mauerwerk (U=1,5 W/m²K) benötigt man eine hohe Lufttemperatur, damit man sich im Raum wohl fühlt. In der Nähe von Fenstern mit Isolierglas (2,6 W/m²K) ist es besonders ungemütlich (Wärme-schutzgläser haben Werte zwischen 0,5 und 1,1 W/m²K). In gut gedämmten Häusern (hohe Oberflächentemperatur) reicht schon eine deutlich geringere Lufttemperatur.

Bei gut Wärme gedämmten Gebäuden ist eine hohe thermische Behaglichkeit mit allen am Markt angebotenen Heizkörpern gegeben, sofern die Systemkomponenten gut aufeinander abgestimmt sind und die Regelung richtig funktioniert. Wichtig ist natürlich die richtige Heizkörpergröße, die von folgenden Temperatur-Eckdaten abhängt:
– höchste geplante Vor- und Rücklauftemperatur
– gewünschte Raumtemperatur
– tiefste zu erwartende Außentemperatur
Beispiel: Ein Heizkörper muss mindestens so groß sein, dass er bei einer tiefsten Außentemperatur von −14 °C (Planungswert für den Standort Hannover) und einer mittleren Heizkörpertemperatur von +70 °C die gewünschte Raumtemperatur von +20 °C erreicht. Soll dasselbe Ergebnis mit einer maximalen Temperatur des Heizkörpers von lediglich +55 °C erreicht werden, muss die Heizfläche etwa 60 % größer sein. (Alternativ kann man auch den Wärmeschutz noch weiter verbessern.) Man nennt solche Heizsysteme auch **Niedertemperatur-Heizungssysteme** (nicht zu verwechseln mit Niedertemperatur-Kesseln). Größere Heizflächen wirken sich auch positiv auf die thermische Behaglichkeit aus.

Die Auswahl an verschiedenartigen Heizkörpern ist heute außerordentlich groß: Raum hohe Heizwände, formschöne Rundrohrheizkörper oder auch Designer-Badheizkörper. Nahezu jeder Wunsch an die Raumgestaltung geht in Erfüllung.

Bis etwa zum Jahre 1980 dominierte der **Gliederheizkörper** (Radiator) aus Guss oder Stahl, der wegen seiner vielseitigen Gestaltungsmöglichkeit vor allem bei anspruchsvoller Innenarchitektur auch jetzt noch gefragt ist. Sein großer Vorteil ist die stufenweise Erweiterung mit einzelnen Heizgliedblöcken bis zur gewünschten Baulänge und Wärmeleistung. Radiatoren in Nischen zu installieren oder sogar hinter Abkleidungen zu verstecken, sollte der Vergangenheit angehören.
In neuerer Zeit haben sich die relativ preiswerten **Plattenheizkörper** mehr und mehr durchgesetzt. Ihre Wärmeleistung hängt von der Größe ab, aber auch davon, ob sie nur aus einer Platte (P) bestehen oder ob zwei bis drei Platten hintereinander angeordnet sind. Außerdem können an

der Plattenrückseite bzw. zwischen den Platten so genannte „Konvektionsbleche" (K) angebracht sein. Heizkörper mit Konvektionsblechen lassen sich innen schlecht reinigen.

Kleiner Hinweis zur Bezeichnung auf Bauplänen: PKKP steht für zwei Platten mit zwei Konvektionsblechen dazwischen. PKP heißt Platte, Konvektionsblech, Platte. Heizkörper, die sich äußerlich kaum unterscheiden, können durch die Zahl der Bleche in den Zwischenräumen unterschiedliche Wärmeleistungen erzielen. Jede Steigerung der Wärmeleistung durch zusätzliche Bleche bedeutet jedoch eine Zunahme des Konvektionsanteils, da für die Strahlung nur die dem Raum zugewandte Fläche der Platte zur Verfügung steht.

TIPP: Neubauten sollten heute so gut Wärme gedämmt sein, dass trotz geringer Heizkörpergröße der **Niedertemperaturbetrieb** möglich ist. Das bedeutet: In diesen Häusern sind auch bei -12 °C Außentemperatur maximal 55 °C Vorlauftemperatur (40 °C Rücklauf) ausreichend.

Konvektionsheizkörper sind vergleichsweise klein und niedrig, sollten heute aber nicht mehr installiert werden. Sie wurden früher als **Sockel-, Unterflur- oder Schachtkonvektoren** unter dem Fenster oder in einen Schacht im Boden eingebaut, um einen Warmluftschleier zu erzeugen. Die Wärmeleistung bzw. die Luftströmung dieser Konvektoren ist umso größer, je höher ihre Temperatur und je höher der Schacht ist. Konvektionsheizkörper müssen in der Regel mit hoher Temperatur betrieben werden und sind deshalb für Niedertemperaturheizsysteme nicht geeignet. Durch die starke Luftumwälzung sorgen sie auch für Staubumwälzungen und Staubverschwelungen. Gleichzeitig sind sie sehr schlecht zu reinigen. Unterflurkonvektorkästen sind außerdem meist schlecht Wärme gedämmt. Es ist deshalb empfehlenswert, diese Heizkörper still zulegen und/oder sie durch Flachheizköper zu ersetzen.

Fußleistenheizkörper eignen sich auch für die Installation an Innenwänden, wo sie über den Warmluftschleier die Wandoberfläche erwärmen.

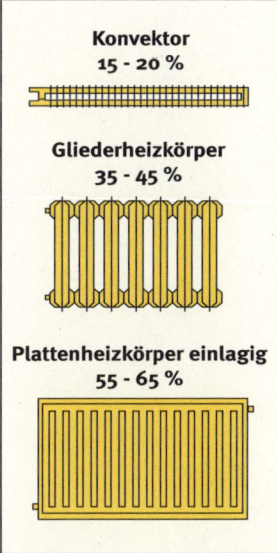

Abbildung 40: Strahlungsanteil verschiedener Heizkörpersysteme (Circa-Werte bei 60 °C Vorlauftemperatur)
Die Prozentwerte zeigen deutlich, dass die Wärmeübertragung durch Konvektion auch bei Glieder- und Plattenheizkörpern eine nennenswerte Rolle spielt.

Flächenheizungen

Fußbodenheizungen sind Niedertemperaturheizsysteme und besonders interessant, wenn man eine Wärmepumpe hat oder wenn man mit einer Solarkollektoranlage die Heizung unterstützen möchte. Auch Brennwertkessel arbeiten mit höherem Wirkungsgrad an Fußbodenheizungen. Die Heizwassertemperatur sollte nach Möglichkeit 35 °C im Vorlauf und 25 °C im Rücklauf nicht überschreiten. Damit ergeben sich mittlere Oberflächentemperaturen von 23 °C. Aus gesundheitlichen Gründen sollten 29 °C keinesfalls überschritten werden. Vor größeren Fensterflächen mit höherem Wärmeabfluss können die Rohre dichter als in der Fläche verlegt werden. Es versteht sich von selbst, dass unter der Fußbodenheizung eine druckfeste Wärmedämmschicht (mindestens 10 cm) verlegt werden muss, wenn darunter der Erdboden oder ein unbeheizter Keller folgt.

Für Warmwasserfußbodenheizungen werden Kunststoff- oder Kupferrohre verwendet. Beide Materialien haben bei sachgerechter Installation eine sehr lange Lebensdauer. Bei Kunststoffrohren ist darauf zu achten, dass die Rohrleitungen diffusionsdicht für Sauerstoff sind; ansonsten verursacht eindringender Sauerstoff an Stahlteilen der Heizungsanlage Korrosion. Der Eisenoxidschlamm im Heizungswasser führt dann zu Betriebsstörungen. Viele Hersteller empfehlen für ältere Anlagen mit Korrosionsproblemen chemische Zusätze, die eine Schlammbildung verhindern sollen. Besser und sicherer ist es allerdings, wenn der Fußbodenheizkreis über einen Wärmetauscher vom übrigen Heizungssystem abgekoppelt wird. Kupferrohre sind diffusionsdicht, eine Schlammbildung findet nicht statt.

Folgende Verlegearten sind bei Fußbodenheizungen üblich:
*   **Nasseinbettung**: Bei der klassischen Nasseinbettung werden die Heizrohre mit Abstandshaltern auf einer Dämmschicht in den Estrich verlegt. Randdämmstreifen an den Raumwänden fangen die Wärmeausdehnung des Heizestrichs auf und sorgen für die Tritt-

schalldämmung. Vorteile: guter Wärmeübergang und relativ niedrige Kosten. Nachteil: hoher Fußbodenaufbau.

Abbildung 41: Fußbodenheizung

- **Trockenverlegung**: Die Heizrohre werden in vorgefertigte Kanäle gelegt und dann mit einer Folie überdeckt, bevor der Estrich (Estrich-Ziegel, Trockenestrich) aufgebracht wird. Vorteile: geringe Aufbauhöhe und bei Trockenestrich die sofortige Inbetriebnahme. Nachteile: höhere Kosten und im Vergleich mit der Nasseinbettung schlechterer Wärmeübergang.
- **Klimaböden**: Das sind sehr flache Kunststoffplatten, in die das Fußbodenheizrohr eingelegt wird. Häufig haben die Platten Aluminiumeinlagen, um die Wärme gleichmäßig und schnell zu verteilen. Vorteile: Geringe Systembauhöhe und gute Regelbarkeit. Nachteile: Höherer Preis.

TIPP: Besonders wichtig bei der Nasseinbettung von Fußbodenheizungen sind die einwandfreie **Estrichüberdeckung** der Heizrohre und das behutsame Anheizen des Estrichs (nach ca. vier Wochen Trocknungsphase). Fugen in Estrich und Oberbelag sollen die Wärmeausdehnung aufnehmen und sind sorgfältig zu planen. Um eine Rissbildung im Estrich zu vermeiden, ist eine zusätzliche Estrichbewehrung empfehlenswert.

Fußbodenheizungen besitzen oft eine große Masse und reagieren daher träge auf Temperaturänderungen. Wärmegewinne durch Sonneneinstrahlung oder zeitliche Temperaturabsenkung in sporadisch genutzten Räumen führen also möglicherweise nicht zu einer vergleichbaren Energieeinsparung wie beispielsweise bei Heizkörpern mit Thermostatventilen, die rasch die Heizwärmezufuhr drosseln können.

Günstig ist auch eine Kombination von thermostat-geregelten Heizkörpern mit einer Fußbodenheizung. Dies erfordert allerdings zwei separate Heizkreise, da die Fußbodenheizung mit niedrigeren Temperaturen als die Heizkörper betrieben werden muss (Mischerregelung).

TIPP: Besonderes Augenmerk verdient der **Fußboden-oberbelag**. Theoretisch kommen zwar viele Materialien für eine Fußbodenheizung in Frage, praktisch sind jedoch viele Beläge wärmetechnisch nachteilig: Fliesen- oder Steinfußböden sind wesentlich besser geeignet als Parkett oder sogar Teppichböden. Letztere behindern die Wärmeabgabe relativ stark, außerdem muss spezieller Kleber verwendet werden. Die Wahl des Oberbelags hat daher auch Einfluss auf die Dimensionierung des Rohrnetzes und ist mit dem Heizungsbauer abzusprechen.

Wenn es sich bei der Heizungsanlage um eine Wärmepumpe handelt, ist ein Betrieb des gesamten Heizsystems mit möglichst niedriger Temperatur wichtig. Im Erdgeschoss kann man in der Regel problemlos Fußbodenheizungen einbauen. Im Dach und hier vor allem in Dachschrägen bieten sich dann **Wandheizungen** an (⋯⋗ Abbildung 42). Diese bestehen aus mehr oder weni-

Abbildung 42: Wandheizung mit Kapillarröhrchen (Polytherm)

ger dicken Kupfer- oder Kunststoffrohren wie die Fußbodenheizungen und liegen im Putz. Bei einigen Herstellern sind die Röhrchen so dünn, dass der Putz nicht dicker aufgetragen werden muss als üblich. Es gibt auch Gipsbauplatten, in denen die Flächenheizung bereits integriert ist. Ansonsten kann man im Dach als Putzträger Holzwolle-leichtbauplatten anbringen, auf denen die Heizrohre installiert werden.

Wandheizungen lassen sich schneller regeln als Fußbodenheizungen, da nur wenig Masse aufgeheizt werden muss. Vorzugsweise werden sie an Außenwänden oder an Dachschrägen angebracht. Selbstverständlich sollten die Bauteile einen sehr guten Wärmeschutz aufweisen.

Nachteilig ist, dass vor diese Flächen keine Schränke gestellt und keine Nägel eingeschlagen werden können.

Man sollte fotografisch dokumentieren, wo die Heizrohre verlaufen. Später lassen sich die Leitungen noch mit einem Infrarot-Thermometer oder einer Thermografie-Kamera ausfindig machen.

Wie bei der Fußbodenheizung müssen auch bei der Wandheizung Überlegungen zur Sauerstoffdiffusion einbezogen werden.

Bindeglied zwischen Wärmeerzeugung und Fußboden- oder Wandheizung sind Heizkreisverteiler. Sie werden an günstigen Orten vor der Wand oder in Wandaussparungen montiert und nehmen sämtliche Regel-, Absperr-, Einregulier- und Entlüftungsvorrichtungen für die einzelnen Heizkreise auf. Damit die Heizkreise korrekt durchströmt werden, muss in jedem Kreis die Durchflussmenge einstellbar sein. An diesen Verteilern sitzen auch Motorventile, die von der elektronischen Einzelraumregelung angesteuert werden. Ferner muss ein **hydraulischer Abgleich** durchgeführt werden.

Grundsätzlich erfordern Flächenheizsysteme eine sorgfältige Planung und eine gute Koordination zwischen erfahrenen Fachhandwerkern (z.B. zwischen Heizungsmonteur und Estrichleger). Die Kosten für ein Flächenheizsystem liegen im Vergleich zu Systemen mit Heizkörpern um ca. 30 € pro m² höher.

Alternativ zu Wasser als Wärmeträger werden auch **elektrische Widerstandsheizungen** als Decken-, Wand- und Fußbodenheizungen angeboten. Von den Investitionskosten her sind diese Systeme zwar günstig und sie haben auch eine sehr geringe Aufbauhöhe, die Betriebskosten sind jedoch extrem hoch, vor allem wenn sie mit Tagstrom betrieben werden . Wir raten von diesen Anlagen ab und warnen vor hohen Folgekosten: Den hochwertigen Strom direkt zur Beheizung zu nutzen ist weder ökonomisch noch ökologisch vertretbar!

Warmluftheizungen

Warmluftheizungen bestehen aus einem Zentralgerät, das (direkt oder indirekt über ein Heizregister) Luft erwärmt. Über ein Kanalnetz wird die erwärmte Luft mit Decken-, Wand- oder Fußbodenauslässen in den einzelnen Räumen verteilt. Gleichzeitig wird durch ein entsprechendes Kanalnetz Abluft abgesaugt. Ein Teil davon wird als Fortluft nach draußen abgeführt, der Rest als Umluft mit frischer Außenluft gemischt, über entsprechende Filter gereinigt, erwärmt und den Räumen wieder als Zuluft zugeführt.

Die Regelung der Warmluftheizung erfolgt über das Verhältnis von Umluft- zu Zuluftmenge und über die Temperatur. Die Temperatur der Zuluft wird auf maximal 50 °C begrenzt, so dass die Anlagen im Niedertemperaturbereich arbeiten.

Warmluftheizungen sind gut regelbar und können auch mit einer Wärmerückgewinnung arbeiten, um die Lüftungsverluste zu reduzieren. Die Frischluft kann gefiltert werden. Ein Nachteil im Vergleich zur Warmwasserheizung ist der wesentlich höhere Planungsaufwand. Um den Stromverbrauch des Ventilators zu begrenzen und starke Luftbewegungen in den Räumen zu vermeiden, ist eine exakte Berechnung der notwendigen Zuluftmenge notwendig. Außerdem muss eine Geräuschübertragung vom Kanalnetz oder Ventilator mit Schallschutzmaßnahmen vermieden werden, was einige Erfahrung bei Planung und Installation voraussetzt.
Wie bei der kontrollierten Wohnungslüftungsanlage (⸱⸱➔ Kapitel Lüftung und Lüftungsanlagen) müssen die Filter regelmäßig gereinigt und bei Bedarf ersetzt werden, um die Volumenströme konstant zu halten und hygienisch einwandfreie Verhältnisse zu schaffen. Damit nicht

zu große Luftmengen umgewälzt werden müssen, ist eine sehr gute Wärmedämmung sehr wichtig (Niedrigenergie- oder Passivhausstandard).

TIPP: Das Zentralgerät sollte nach Möglichkeit im **Dachbereich** installiert werden, um die Rohrlängen für die Außen- und Zuluft zu minimieren. Nach der Installation müssen sämtliche Zu- und Abluftventile entsprechend den berechneten Werten von Fachpersonal einreguliert werden.

8. Luftdichtheit und Lüftung
Heizen und Lüften gehören zusammen!

Auf den ersten Blick scheint Luftdichtigkeit und Lüftung
nichts mit dem Thema „Heizung und Warmwasser" zu tun
zu haben. Auf den zweiten Blick zeigt sich jedoch, dass
das Zusammenspiel von Heizung, Luftdichtheit und Lüftung für das energetische Gesamtkonzept eines Gebäudes zunehmend an Bedeutung gewinnt.

Luftdichte Bauweise

Bei besserem Wärmeschutz nimmt die relative Bedeutung der Lüftungswärmeverluste zu. Jedes Gebäude steht
im Luftaustausch mit seiner Umgebung. In der Heizperiode verlässt warme Luft das Gebäude und wird durch
kühle Frischluft ersetzt, die erwärmt werden muss. Der
Luftaustausch findet entweder aktiv über Fenster, Türen
oder mechanische Lüftungsanlagen statt, oder aber über
Fugen und Ritzen in der Gebäudehülle. In Altbauten, die

vor 1978 errichtet wurden, lagen die Lüftungswärmeverluste zwischen 10 und 20 % aller Wärmeverluste. Aufgrund einer hocheffizienten Haustechnik und eines bes-
seren Wärmeschutzes liegt der relative Anteil der
Lüftungswärmeverluste heute bei Neubauten deutlich
höher, bei Passivhäusern erreicht er fast 50 % aller Wärmeverluste (----> Abbildung 43).

In der Baupraxis begegnet
man von Fall zu Fall dem
Argument, dass Gebäude
über **„atmende Bauteile"**
ausreichend belüftet wer-
den. Diese Vorstellung ist
grundfalsch und in ihrer
Konsequenz teuer und
gefährlich. Gebäude sind
keine Organismen und
besitzen somit auch kein
Atmungsorgan wie die
menschliche Lunge. Die
Abfuhr von Feuchtigkeit
und Kohlendioxid über
Fugen und Ritzen in der

Abbildung 43: Typische Wärmeverluste

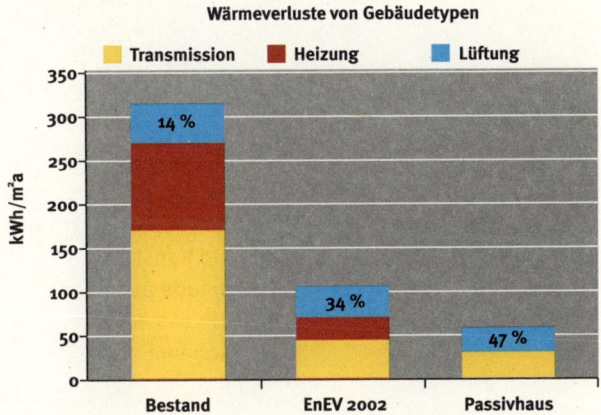

Gebäudehülle ist ein unkontrollierter Vorgang. Je nach
Außenklima kommt der hygienisch notwendige Luftwechsel entweder gar nicht oder aber mehrfach zustande. Im
ersten Fall ist die Raumluftqualität schlecht, im zweiten
Fall entstehen hohe Heizkosten. Bei windigem Wetter
haben die Bewohner und Bewohnerinnen eines „atmen-
den" Gebäudes außerdem mit starker Zugluft und entsprechend geringem thermischen Komfort zu tun. Fugen
und Ritzen sind auch Ursache für Feuchte- und Schimmel-
schäden, die in vielen Fällen Anlass zu gerichtlichen Aus-
einandersetzungen geben.

Ein modernes Gebäude sollte fugen- und ritzenfrei sein,
also luftdicht ausgeführt werden. Diese Forderung findet
sich auch in der Energieeinsparverordnung [§ 5 (1)]:
„Zu errichtende Gebäude sind so auszuführen, dass die
Wärme übertragende Umfassungsfläche einschließlich

der Fugen dauerhaft luftundurchlässig entsprechend dem Stand der Technik abgedichtet ist".

Diese Aufgabe übernehmen der Innenputz, die Bodenplatte, Fenster und Türen sowie eine luftdichte Folie oder Pappe bei Leichtbaukonstruktionen. Fugen und Anschlüsse zwischen einzelnen Bauteilen müssen dauerhaft luftundurchlässig abgedichtet werden, was durch spezielle Klebebänder, Profile und Dichtungsmaterialien erfolgt. Eine hohe Qualität der Abdichtung ergibt sich durch die Auswahl geeigneter Konstruktionen und Materialien sowie durch eine sorgfältige Planung und Ausführung (vgl. DIN 4108-7).

Ältere Gebäude entsprechen übrigens häufig den Vorgaben der Verordnung und sind „luftdicht", mit Ausnahme der alten Fenster und Türen. Die herkömmlichen Materialien und Konstruktionen gewährleisteten ein schadenfreies Gebäude auch ohne spezielle Planung, sie haben sich in der Praxis einfach als tauglich erwiesen, allerdings bei sehr hohem Energieverbrauch. Erst in den 60er und 70er Jahren wurde dies anders, als zunehmend Leichtbaukonstruktionen eingesetzt wurden und in der Folge vermehrt Baumängel auftraten. Besonders kritisch haben sich dabei große Einzellecks im Dachbereich erwiesen. Bei Beheizung des Gebäudes resultiert ein thermischer Auftrieb, der an den Leckagen für eine Durchströmung von innen nach außen sorgt. Feuchtwarme Raumluft kühlt dabei im Bauteilinneren ab und ein Teil der Feuchtigkeit kondensiert an kalten Oberflächen, bevorzugt am Holztragwerk. Der Bauschaden ist vorprogrammiert.

Ein modernes Gebäude mit luftdichter Bauweise und gutem Wärmeschutz ist dadurch gekennzeichnet, dass Zugluft unbekannt ist. Die Qualität der Raumluft ist sehr hoch, da weder aus dem Keller noch aus anderen Wohnungen oder Hohlräumen in Außenbauteilen staubhaltige oder anders belastete Luft zuströmt. Der Schallschutz ist gut und Bauschäden aufgrund von Feuchtigkeit aus dem Inneren sind kein Thema. Lüftungswärmeverluste werden stark reduziert, die Beheizung des Gebäudes ist mit geringem Energieaufwand bei hoher thermischer Behaglichkeit möglich.

Luftdichtheitstest (Blower-Door-Test)

In Skandinavien und Nordamerika wurde ein praxistaugliches Messverfahren entwickelt, mit dem Gebäude auf die Qualität ihrer Luftdichtheit geprüft werden können. Dieser so genannte „Blower-Door-Test" ist seit Frühjahr 2001 in Europa durch die Norm DIN EN 13829 standardisiert und damit für die Baupraxis obligatorisch. Um die Luftdurchlässigkeit der Gebäudehülle zu messen, wird in einen Tür- oder Fensterrahmen ein Ventilator eingebaut und gegen den Rahmen abgedichtet (⋯⇢ Abbildung 44). Anschließend wird im Gebäudeinneren ein Unterdruck von 50 Pa (das entspricht dem Druck von 5 mm Wassersäule bzw. Windstärke 5 im Lee einer Fassade) erzeugt und das vom Gebläse geförderte Luftvolumen gemessen. Dieses Volumen entspricht der Luftmenge, die in Summe durch alle Leckagen in der Gebäudehülle strömt. Je kleiner diese Luftmenge ist, desto weniger Fugen und Ritzen gibt es und desto besser ist die Qualität der Gebäudehülle. Um Gebäude unterschiedlicher Größe vergleichen zu können und eine gesetzliche Anforderung formulieren zu können, wird als wichtigste Kenngröße zur Beschreibung der Luftdichtheit die Luftwechselrate bei 50 Pa Druckunterschied zwischen drinnen und draußen, abgekürzt n_{50}, definiert. Sie ergibt sich aus dem Verhältnis von gefördertem Volumen (m^3/h) bei 50 Pa zum Luftvolumen (m^3) in der untersuchten Gebäudehülle. Anschaulich besagt die Luftwechselrate, wie häufig die gesamte Luft im Inneren gegen Außenluft ausgetauscht wird. Ein guter Wert für ein neues Gebäude von $n_{50} = 1\ h^{-1}$ besagt also, dass dies bei 50 Pa Druckdifferenz einmal pro Stunde geschieht. Nach Energieeinsparverordnung und der Definition von Passivhäusern dürfen folgende Luftwechselraten nicht überschritten werden:

$n_{50} \leq 3{,}0\ h^{-1}$ Neubauten ohne Lüftungsanlagen
$n_{50} \leq 1{,}5\ h^{-1}$ Neubauten mit Lüftungsanlagen
$n_{50} \leq 0{,}6\ h^{-1}$ Passivhäuser

Abbildung 44: Messprinzip für die Luftdichtigkeit mit dem Blower-Door-Test (nach RWE Bau-Handbuch)

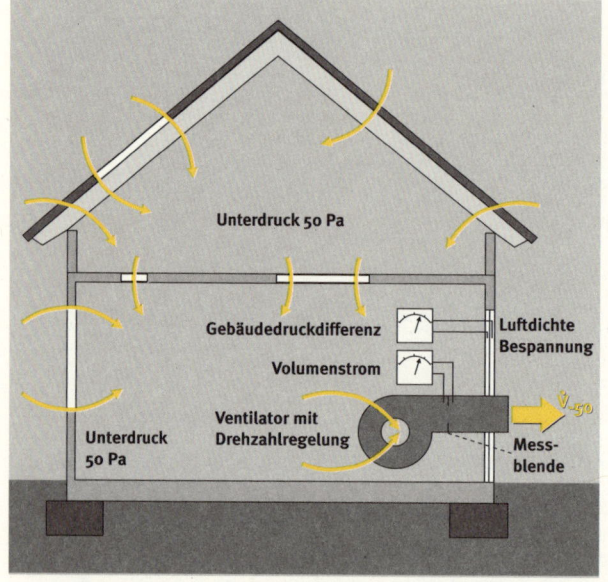

Die Messnorm DIN EN 13829 schreibt sowohl eine Messung bei Unterdruck als auch eine bei Überdruck vor. Dadurch ist sicher gestellt, dass Leckagen, die sich bei Unterdruck schließen, wie beispielsweise überlappende Folienanschlüsse, auch bei Überdruck geprüft und entdeckt werden. Zur Lokalisierung von Leckagen wird die Gebäudehülle bei Unterdruck mit einem Luftgeschwindigkeitsmessgerät oder einer Thermografiekamera insbesondere an den Bauteilanschlüssen auf Luftströmungen hin abgesucht. Um Leckagen noch rechtzeitig abdichten zu können, sollte der Test im Neubau stattfinden, wenn die Fenster und Türen eingebaut, die Wände verputzt und das Dach mit Wärmedämmung und Dampfbremse versehen sind. Im Dach sollten die Gipsbauplatten aber noch nicht angebracht sein.

TIPP: Ein Luftdichtheitstest sollte heute bei jedem Neubau selbstverständlich sein, um spätere Bauschäden durch Schimmelbefall auszuschließen. Wenn in einem Altbau die Fenster und Türen getauscht und das Dach erneuert wird, besteht die Chance einen Luftdichtheitstest zu bestehen. Die Handwerker sollten frühzeitig informiert werden, dass nach Fertigstellung ein Luftdichtheitstest durchgeführt wird. Ein bestandener Test ergibt eine bessere „Note" im Energieausweis. Qualifizierte Messteams finden Sie über den Fachverband Luftdichtigkeit im Bauwesen (FLiB, www.flib.de). Die Kosten für einen solchen Test beginnen, je nach Aufwand, bei 300 € in einem Einfamilienhaus.

Der Begriff Luftdichtheit ist übrigens etwas unglücklich gewählt, da er bei Laien Assoziationen an Erstickungsanfälle
und Atemnot hervorruft. Im umgangssprachlichen Sinne
sind Konservendosen oder Fahrradschläuche luftdicht. Im
Sinne der Energieeinsparverordnung ist ein Fahrradschlauch,
der drei Mal pro Stunde platt ist, noch luftdicht. Sowohl
sprachlich als auch sachlich ist dies nicht befriedigend.

Fensterlüftung

Die meisten Menschen halten sich 90 % des Tages im Inneren von Gebäuden auf. Die Qualität der Raumluft spielt
daher eine wichtige Rolle, denn unser Wohlbefinden und
unsere Gesundheit hängen entscheidend von der Qualität
der Atemluft ab. Eine ausreichende Luftqualität wird erst
durch die Lüftung von Räumen sichergestellt, entweder
über freie Lüftung (z.B. über
Fenster und Türen) oder
über Lüftungsanlagen. Die
Lüftung dient dabei der Abfuhr von Belastungen, die in
den Räumen entstehen. Ge-
rüche, Kohlendioxid und
Feuchtigkeit (Wasserdampf)
müssen aus dem Gebäude
heraus. Jede Person gibt
pro Tag ca. 2 Liter Wasser
(beim Atmen, Kochen, Du-
schen, Waschen etc.) in
Form von Wasserdampf an
die Innenluft ab. Beim Lüften besteht ein Konflikt zwischen möglichst kurzer Lüftung und niedrigen
Lüftungswärmeverlusten
sprich Energiekosten und
dem hygienisch notwendi-
gen Maß an frischer Luft.
Die richtige Zeitdauer hängt
von vielen Faktoren ab, so

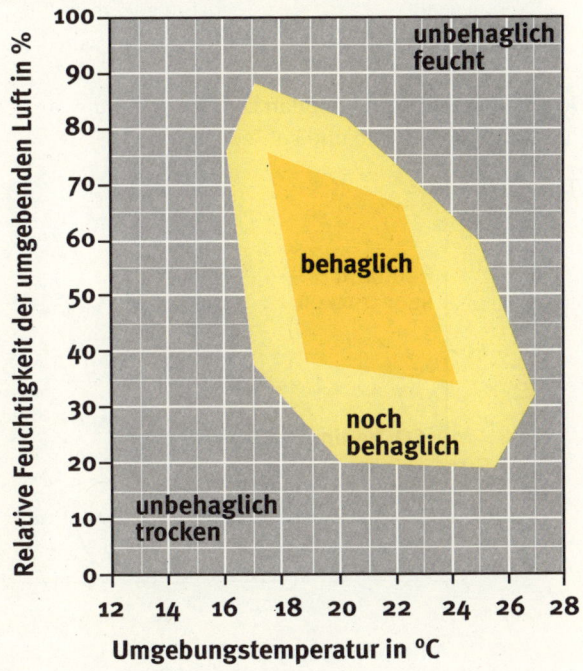

Abbildung 45: Abhängigkeit der Behaglichkeit von der
Luftfeuchte und Temperatur (nach RWE Bau-Handbuch)

dass einfache Regeln („eine Viertelstunde alle vier Stunden") dem gewünschten Ergebnis nicht gerecht werden. Nur wenige Menschen bedienen sich eines Thermohygrometers und versuchen die Lüftungsintervalle so zu legen, dass sich ein Optimum an Raumluftqualität einstellt. Lüftungsanlagen mit Raumluftsensoren können diese Aufgabe besser erledigen.

Gute Raumluft ist in physikalischen Einheiten (Kohlendioxid- und Wasserdampfgehalt) leicht zu definieren. Sehr trockene (Wüstenklima) und sehr feuchte Innenluft (Tropenklima) erkennen wir recht schnell, befinden uns dann aber auch schon weit außerhalb des wünschenswerten Bereichs zwischen 30 % und 60 % relativer Feuchte (⋯→ Abbildung 45). Innerhalb dieser Bandbreite sind wir auf Messinstrumente angewiesen, z.B. für Temperatur und Luftfeuchte (Thermohygrometer), wenn die Lüftung über Fenster und Außentüren auf das hygienisch notwendige Maß beschränkt werden soll. Ähnlich unsensibel wie für die Luftfeuchte sind wir auch bezogen auf das Kohlendioxid. Bereits vor 150 Jahren stellte Pettenkofer fest, dass Personen bei Kohlendioxid-Konzentrationen von 0,1 Vol.-% mit der Raumluftqualität zufrieden, bei 0,2 % dagegen nicht mehr zufrieden waren. Die DIN 1946-2 gibt als Indikator für gute Raumluftqualität eine maximale Kohlendioxid-Konzentration von 0,15 Vol.-% an. Diese Konzentration ist übrigens gesundheitlich völlig unbedenklich, Müdigkeit und Kopfschmerzen treten erst ab 1 % auf. Ein hygienisch sinnvoller Luftwechsel, der das entstehende Kohlendioxid sicher abführt, erfordert eine Frischluftmenge von etwa 20 m³/Stunde je Person (⋯→ Abbildung 46). Dieser Wert ist

Abbildung 46: Frischluftbedarf pro Person für die Abfuhr von Kohlendioxid und Luftfeuchtigkeit

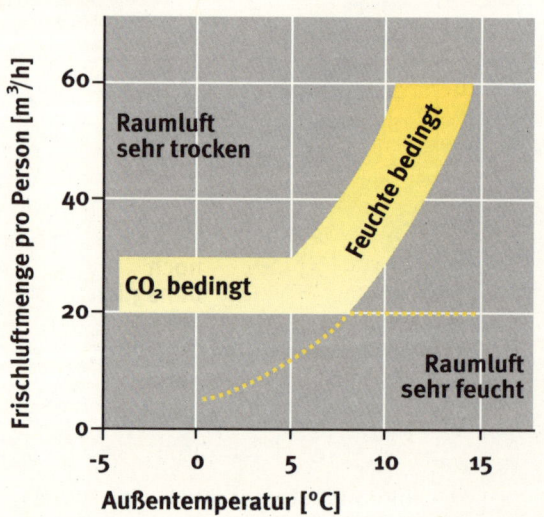

das ganze Jahr über mehr oder minder konstant. Zur Sauer-stoffversorgung des Menschen würden übrigens schon 2,5 m³/Stunde ausreichen. Lüftung dient also vornehmlich dazu, Kohlendioxid fortzulüften und weniger dazu Sauer-stoff hineinzulassen. Der notwendige Luftwechsel für die Abfuhr von Wasserdampf hängt dagegen stark vom Außen-klima ab und kann in der Übergangsjahreszeit bis zu 40 m³/Stunde je Person und mehr betragen. Zusätzlich hängt der notwendige Luftwechsel natürlich auch vom Aktivitätsgrad der betroffenen Person ab. In einem Fitness-Studio besteht ein höherer Lüftungsbedarf als in einer Bibliothek. Maßgeb-lich für hygienische und bauphysikalische Fragen ist die re-lative Luftfeuchte. Der Wasserdampfgehalt der Luft sollte in-nerhalb einer Bandbreite zwischen 30 und 60 % liegen. Bei hoher Luftfeuchte erhöht sich das Risiko für Schimmelpilz-befall, starke Milbenvermehrung und Bauschäden aufgrund von Feuchte und Tauwasserbildung.

Im Prinzip wäre es möglich, anhand der vorstehenden Überlegungen und geeigneter Messinstrumente Lüftungs-dauer und Lüftungshäufigkeit festzulegen und damit eine bestimmte Luftwechselrate einzuhalten. Allerdings er-folgt eine Lüftung über Fenster und Außentüren bei den meisten Menschen nach wie vor nach Gefühl. Resultat sind entweder schlechte Qualität der Raumluft (bei gerin-gem Energieverbrauch) oder bessere Raumluftqualität bei erhöhtem Verbrauch. Lüftungsanlagen, die mit geeig-neten Sensoren ausgestattet sind, können diese Aufgabe viel besser erfüllen. In Zukunft wird die Ausstattung von Gebäuden mit Lüftungsanlagen ein Komfortmerkmal wer-den, so wie es in der Vergangenheit bereits die Zentral-heizung geworden ist. Im Folgenden stellen wir daher sinnvolle technische Lösungen für die Belüftung von klei-nen und mittleren Wohngebäuden vor, beschränken uns dabei aber auf reine Lüftungsanlagen.

Lüftungsanlagen unterscheiden sich von **Klimaanlagen** dadurch, dass erstere nur für einen Luftaustausch (mit oder ohne Wärmerückgewinnung) sorgen, letztere kön-nen zusätzlich die Temperatur und die relative Feuchte der Raumluft regulieren. Klimaanlagen werden daher häufig in Räumen eingesetzt, in denen es im Hochsommer zu heiß wird. Ökonomisch und ökologisch sind Klimaanlagen in Wohnungen jedoch völlig unsinnig: Kostbarer elektrischer Strom wird eingesetzt, um überschüssige Wärme nach draußen zu schaffen. Die sommerliche Überhitzung kann durch einen guten Wärmeschutz (im Dach) und durch einen außen liegenden Sonnenschutz vor den Fenstern (Laubbäume, ausreichender Dachüberstand bzw. Rollladen) weitaus effizienter und ohne nennenswerte Betriebskosten vermieden werden. Wird die auf das Dach auftreffende Sonnenenergie zur Wärme- und Stromproduktion genutzt, bleibt das darunter liegende Dachgeschoss kühler.

Kontrollierte Lüftung mit Abluftanlagen

Abluftanlagen (Lüftungsanlagen ohne Wärmerückgewinnung) sind vergleichsweise einfach aufgebaut und daher preiswert. Die Lüftungswärmeverluste sinken allerdings nur dann, wenn die Nutzer auf das Öffnen von Fenstern in der Heizperiode verzichten und die Gebäudehülle luftdicht ist. Abluftanlagen bestehen aus nur wenigen Komponenten (⸺> Abbildung 47): Vom Abluftventilator (1), der sich auf dem Dachboden oder in einem Technikraum befindet, gibt es kurze Kanäle zu den Räumen mit hoher Belastung (Küche, Bad und WC) mit entsprechenden Abluftventilen (3) und gegebenenfalls Schalldämpfern in den Luftkanälen. Ein geringer Un-

Abbildung 47: Abluftanlage ohne Wärmerückgewinnung (nach IWU)

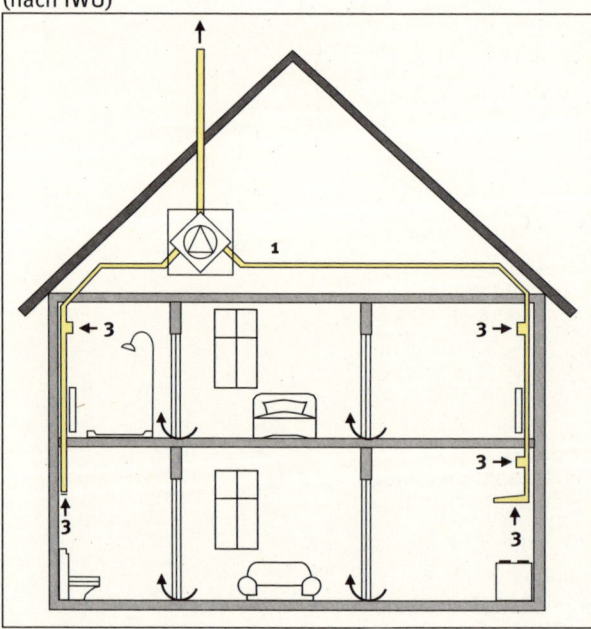

terdruck sorgt dafür, dass frische Außenluft in die Hauptaufenthaltsräume (Wohn- und Schlafzimmer) gelangt. Einstellbare Luftdurchlässe befinden sich in der Außenwand, im Fensterrahmen oder in den Rollladenkästen, also in der Nähe von Heizkörpern, so dass sich die frische Luft mit warmer Raumluft mischt und keine Zugluft spürbar ist. An den Innentüren gibt es Überströmöffnungen als Verbindung zwischen Zu- und Ablufträumen, eine Regelung komplettiert die Anlage.

Die geruchsbelastete, feuchte und schadstoffhaltige Luft wird bei Abluftanlagen aus den Räumen mit der stärksten Belastung (Küche, Bad und WC) abgeführt. Auf ihrem Weg durch das Haus nimmt die Frischluft Kohlendioxid, Luftschadstoffe, Feuchtigkeit und Gerüche auf. Alle Luftbelastungen entstehen mehr oder weniger kontinuierlich und werden mit Lüftungsanlagen, im Unterschied zur Fensterlüftung, auch kontinuierlich abgeführt.

In Mehrfamilienhäusern gibt es entweder einen zentralen Abluftventilator mit Abluftkanälen zu den einzelnen Wohnungen oder dezentrale Ventilatoren in den Wohnungen, die die Abluft über einen zentralen Schacht abführen.

Abluftanlagen müssen sorgfältig geplant und ausgeführt werden, um eine gute Luftqualität im Haus bei geringen Strom- und Betriebskosten zu erhalten. Die Investitionskosten liegen beim Neubau in der Größenordnung von 15 bis 30 €/m² Wohnfläche, für ein Einfamilienhaus bei 2.000 bis 3.000 €.

Außer diesen einfachen Anlagen gibt es noch **Abluftanlagen mit Wärmerückgewinnung**. Im Abluftstrom steckt eine Menge Wärme auf relativ hohem Temperaturniveau, die mit einer Wärmepumpe erschlossen werden kann (⸱⸱⸱⸻ Kapitel Wärmepumpen). Die Wärme, die der Abluft dabei entzogen wird, wird für die Warmwasserbereitung oder für die Raumheizung genutzt. Wie bei allen Wärmepumpen hängt der Stromverbrauch stark von der Temperaturdifferenz zwischen Wärmequelle (Abluft) und Heizwasser ab. Es ist deshalb sehr wichtig, dass die

Heizwassertemperatur auf nicht mehr als 50 °C gestellt wird. Die Investitionskosten für solche Anlagen betragen mindestens 10.000 €. In Passivhäusern sind solche Aggregate zusammen mit einem Elektroheizstab häufig die einzigen Heizquellen.

Ein Nachteil bei allen Abluftanlagen ist, dass die Frischluft kalt in die Wohnräume hereinkommt. An sehr kalten Tagen kann es zu Zugerscheinungen an den Zuluftöffnungen kommen. Außerdem hat man viele Durchbrüche (Wärmebrücken) durch die gedämmte Hülle des Hauses. Dieses Problem gibt es bei den folgenden Anlagen nicht.

Kontrollierte Lüftung mit Wärmerückgewinnung

Verglichen mit einfachen Abluftanlagen sind Lüftungsanlagen mit Wärmerückgewinnung deutlich aufwändiger, teurer aber auch komfortabler. Ihre Stärken liegen bei der Senkung der Lüftungswärmeverluste: Bei guter Planung und Technik lässt sich mehr als eine Halbierung der Lüftungswärmeverluste erzielen. Auch eine regelmäßige Wartung und der Filterwechsel (ein- bis zweimal jährlich) sind wichtig.

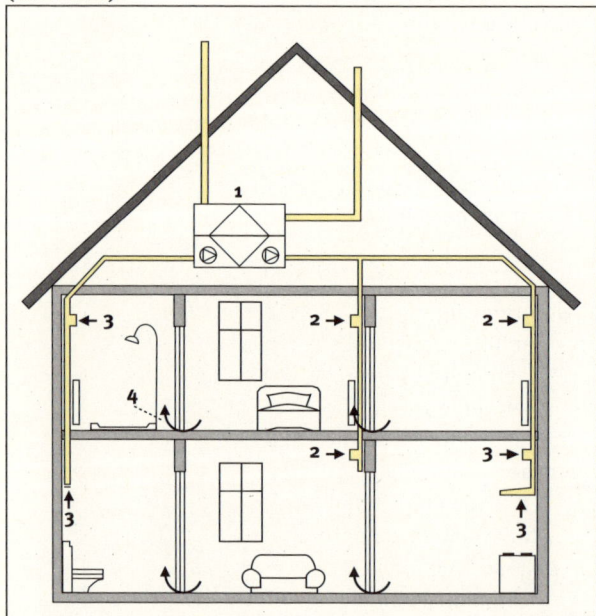

Abbildung 48: Abluftanlage mit Wärmerückgewinnung (nach IWU)

Herzstück einer Lüftungsanlage mit Wärmerückgewinnung (---> Abbildung 48) ist das Kompaktlüftungsgerät (1) mit den Anschlüssen für Zu- und Abluft der Wohnräume sowie für Außen- und Fortluft. Im Gerät sind die Ventilatoren, Luftfilter, Wärmetauscher und evtl. ein zusätzlicher Lufterwärmer für die Zuluft zusammengefasst. Wohn- und Schlafräume (2) werden über Kanäle mit Zuluft versorgt, die Funktionsräume (Küche, Bad, WC) sind an Kanäle für die Abluft (3) angeschlossen. Die Öffnungen an den Innentüren für die Überströmung (4) und die Regelung für die Lüftungsanlage machen das System komplett.

An einer günstigen Stelle ohne Schadstoffbelastung (meist am Dach) wird Außenluft angesaugt und im Zentralgerät gefiltert und erwärmt. Die Wärme stammt aus der Abluft und wird über einen Wärmetauscher an die Zuluft übertragen. Im Wärmetauscher sind Frischluft und Abluft streng getrennt, es findet keine Vermischung oder Geruchsübertragung statt. Häufig finden Kreuzstromplattenwärmetauscher Verwendung, effektiver sind allerdings Gegenstromwärmetauscher. Im Wärmetauscher wird der Abluft zwischen 50 und 90 % ihrer Wärme entzogen. Verglichen mit reinen Abluftanlagen wird in Lüftungsanlagen mit Wärmerückgewinnung etwa das 2,5 bis 3-fache an elektrischer Energie verbraucht, um die Widerstände in den Kanalnetzen, im Zentralgerät, in den Schalldämpfern und an den Luftfiltern zu überwinden. Der Stromverbrauch für die Lüfter einer guten Anlage kann in einem Einfamilienhaus in der Heizperiode bei rund 300 bis 450 kWh liegen. Damit sich dieser Aufwand lohnt, sollte der Wärmetauscher zwischen 1.500 und 2.300 kWh Heizwärme aus der Abluft zurück gewinnen und das Verhältnis mindestens 1 : 5 betragen. Ein geringer Stromverbrauch wird durch Gleichstromventilatoren erreicht.

Im Wärmetauscher wird die Abluft stark abgekühlt, und an kalten Tagen entsteht Kondenswasser im Wärmetauscher, dass in die Kanalisation abgeführt werden muss. Damit der Wärmetauscher bei frostigem Wetter nicht einfriert, gibt es in der Zuluftleitung meistens eine kleine Elektroheizung, die sich einschaltet, wenn die Frosttemperatur unterschritten wird. Besonders effiziente Lüftungsanlagen nutzen jedoch stattdessen die Erdwärme: Das Erdreich ist in 150 bis 200 cm Tiefe im Winter relativ warm (7–10°C). Lässt man die Zuluft durch einen **Erdwärmetauscher** strömen, erwärmt sie sich, so dass eine Elektroheizung überflüssig wird. Der Erdwärmetauscher besteht aus einem glatten handelsüblichen Kunststoffrohr (PP,PE) mit beispielsweise 30 m Länge und 150–200 mm Durchmesser für ein Einfamilienhaus.

Ein Erdwärmetauscher hat außerdem den Vorteil, dass die Zuluft im Sommer gekühlt werden kann, da das Erdreich dann relativ kühl ist. Dabei entsteht allerdings Kondenswasser in den Rohren. Sie müssen deshalb mit Gefälle (etwa 3 %) verlegt werden. Am tiefsten Punkt muss das Kondensat abgeleitet werden. Die Rohrleitungen müssen außerdem gereinigt werden können.

In neuerer Zeit werden häufig Erdreich-Sole-Luftwärmetauscher eingesetzt, um die Zuluft mit Erdwärme vorzuwärmen oder zu kühlen. Diese Anlagen bestehen aus Kunststoffrohren im Boden, die mit einer Flüssigkeit gefüllt sind, z.B. einer Sole, ein Wasser-Salz-Gemisch. Im Zuluftkanal der Lüftungsanlage befindet sich ein Wärmetauscher, durch den die Sole gepumpt wird. Diese Variante hat den Vorteil, dass nur sehr dünne Leitungen vom Erdwärmetauscher zur Lüftungsanlage verlegt werden müssen. Ein Nachteil ist der zusätzliche Stromverbrauch der Pumpe. Setzt man eine Hocheffizienzpumpe ein, betragen die Stromkosten im Jahr aber nur maximal 5 €.

Für Allergiker und Allergikerinnen ist wichtig, dass die Zuluft durch spezielle Luftfilter von Staub, Pollen und auch anderen Bestandteilen gereinigt werden kann.

TIPP: In einem Gebäude mit besonders gutem Wärmeschutz (Passivhaus oder Effizienzhaus 55) ist eine hochwertige Lüftungsanlage mit Wärmerückgewinnung unumgänglich. Geräte mit Gleichstrommotoren und Gegenstromwärmetauschern arbeiten in der Regel besonders effizient. Damit ergibt sich eine vorbildliche Energiebilanz und ein hoher Komfort.

Zu-/Abluftanlagen mit Wärmerückgewinnung verursachen erhebliche Strom- und Betriebskosten, die bei guter Planung und sorgfältiger Ausführung allerdings wettgemacht werden durch hohe Heizkosteneinsparungen. Die Investitionskosten liegen beim Neubau in der Größenordnung von 45 bis 70 €/m² Wohnfläche, für ein Einfamilienhaus bei 5.000 bis 10.000 €.

Außer den bisher besprochenen **zentralen** gibt es auch **dezentrale Lüftungsanlagen mit Wärmerückgewinnung**: In den Hauptaufenthaltsräumen wird jeweils ein Gerät mit Lüfter, Filter, Wärmespeicher und Steuerung in die Außenwand gebaut. Die sehr leisen Lüfter wechseln in regelmäßigem Abstand (z.B. jede Minute) ihre Drehrichtung und saugen Luft in das Gebäude bzw. befördern sie heraus. Beim Entlüften wird ein Wärmespeicher vom Abluftstrom aufgeladen, der beim Belüften seine Wärme an die Frischluft überträgt. Diese Anlagen eignen sich gut für den nachträglichen Einbau in Altbauten. Auf dem Markt sind mehrere Fabrikate, die sich hinsichtlich Konstruktion, Bedienung und Effizienz unterscheiden. Generell liegt die Effizienz dezentraler Anlagen bei der Wärmerückgewinnung niedriger als bei guten zentralen Anlagen, dafür ist aber auch kein Kanalnetz notwendig und die Geräte werden relativ preiswert angeboten. Nachteilig sind die vielen Wanddurchbrüche, die potentielle Wärmebrücken darstellen. Im Neubau sollten deshalb nur zentrale Lüftungsanlagen zum Einsatz kommen.

9. Warmwasserversorgung
Nicht zu heiß gezapft!

Wasserverbrauch

Warmes Wasser ist relativ teuer: Es müssen nicht nur die Frischwasser- und Abwassergebühren, sondern auch noch die Energiekosten für das Aufheizen bezahlt werden, so dass 1.000 Liter warmes Wasser letztlich 15 bis 25 € kosten, je nach Heizungsanlage und Energieträger. Nun ist der Warmwasserverbrauch in deutschen Haushalten durch Unachtsamkeit oder durch eine veraltete Technik extrem unterschiedlich, wie Tabelle 14 zeigt.

Tabelle 14: Warmwasserverbrauch in Haushalten in Liter pro Tag pro Person

Verbrauchsart	45 °C	60 °C
Sparsam	15–30	10–20
Mittel	30–60	20–40
Verschwenderisch	60–120	40–80

In Mehrfamilienhäusern sind oft Warmwasseruhren installiert. Es lohnt sich, die Uhr gelegentlich abzulesen, um den eigenen Verbrauch zu ermitteln.

In vielen Fällen kann man den Warmwasserverbrauch ohne Komfortverzicht durch bewussten Umgang schon erheblich reduzieren, z.B. durch Schließen des Wasserhahns beim Zähneputzen oder beim Einseifen unter der Dusche, durch Duschen statt Baden usw. Leider ist das schnelle Auf- und Zudrehen nicht immer möglich: Bei Zweigriffarmaturen beispielsweise dauert es eine Weile, bis die richtige Temperatur eingeregelt ist. Besser sind Einhebelmischer oder thermostatgesteuerte Armaturen, die die Wassertemperatur auch bei Druckschwankungen konstant halten. Man kann den maximalen Wasserdurchfluss einer Zapfstelle auch am Druckminderer oder am Eckventil unter dem Waschbecken beeinflussen.

Darüber hinaus können erhebliche Mengen Wasser eingespart werden, wenn an den Waschbecken sparsame Perlatoren und an den Duschen Durchflussverminderer angebracht werden, die für wenig Geld erhältlich sind. Allerdings dürfen Durchflussverminderer und thermostatgesteuerte Armaturen nicht bei (veralteten) Durchlauferhitzern oder drucklosen Elektroboilern eingebaut werden.

Um den Energieverbrauch und die Verkalkungsgefahr in Rohrleitungen und Armaturen möglichst gering zu halten, sollte das Wasser nicht höher temperiert werden, als es an der jeweiligen Zapfstelle in der Regel gebraucht wird. Die höchsten Wassertemperaturen sind erfahrungsgemäß im

Küchenbereich nötig, doch auch hier reichen 50 °C meist aus. Eine Höchsttemperatur von 60 °C sollte auch wegen der Verbrühungsgefahr nicht überschritten werden! Neben den persönlichen Gewohnheiten ist natürlich auch die Wahl des Energieträgers entscheidend für die Kosten und die Umweltbelastung, wie Abbildung 49 zeigt.

Abbildung 49: Primärenergieverbrauch für die Warmwasserbereitung im 4-Personen-Haushalt

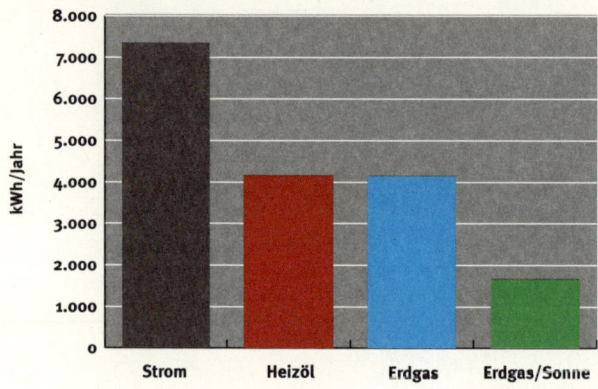

Die Warmwasserbereitung mit Strom braucht wesentlich mehr Primärenergie (Kohle und andere Energierohstoffe) und kostet dem entsprechend auch mehr als die mit Erdgas oder Heizöl. Auch der Ausstoß des Klimaschadstoffs Kohlendioxid ist beim Strom mit Abstand am höchsten. Am günstigsten ist die Kombination Gas/Sonne oder auch Öl/Sonne, wobei die Sonne bei einer richtig dimensionierten Anlage etwa 60 bis 70 % des Warmwasserbedarfs abdeckt. Noch günstiger ist es, wenn statt Gas oder Öl ein nachwachsender Rohstoff (Holz) oder eine Wärmepumpe eingesetzt wird.

Zentrale und dezentrale Warmwasserbereitung

Im Haus werden drei Varianten der Warmwasserbereitung unterschieden, nämlich Einzel-, Zentral- und Gruppenversorgung:
Bei der **Einzelversorgung** oder **dezentralen Versorgung** hat jede Zapfstelle ihr eigenes Gerät. In der Regel sind das elektrische Durchlauferhitzer oder Elektrospeicher (Untertischspeicher). Die Verluste über das Rohrnetz sind entsprechend gering und Warmwasser ist sofort verfügbar. Die Energiekosten (Strom) und die Umweltbelastung sind allerdings hoch. Nur bei sehr geringem Warmwasser-

bedarf (z.B. abgelegenes Gäste-WC) kann die Versorgung mit einem elektrischen Warmwasserbereiter sinnvoll sein. Aber Vorsicht: Untertischspeicher haben oft sehr hohe Bereitschaftsverluste, weil sie das Wasser ständig warm halten. Erheblich sparsamer sind hier Minidurchlauferhitzer, die mit 230 V aus der Steckdose betrieben werden können.

Um die Länge der Rohrnetze zu begrenzen oder um Verbräuche einfacher abrechnen zu können, werden bei der **Gruppenversorgung** Zapfstellen gemeinsam versorgt, z.B. bei einer Wohnung in einem Mehrfamilienhaus.

Bei der **Zentralversorgung** werden alle Zapfstellen über ein Gerät versorgt, meist über einen Warmwasserspeicher, der an die Heizungsanlage angeschlossen ist. Dadurch gibt es auch bei schwankenden Druck- und Entnahmeverhältnissen stets ausreichend warmes Wasser. Außerdem können mehrere Zapfstellen gleichzeitig bedient werden. Bei langen Rohrleitungen kann es allerdings eine Weile dauern, bis warmes Wasser aus dem Hahn fließt.

In ausgedehnten Gebäuden wird deshalb eine Zirkulationsleitung unumgänglich: Dabei wird heißes Wasser durch die Leitungen im Kreis gepumpt, damit sofort heißes Wasser gezapft werden kann. In den Leitungen gibt es jedoch erhebliche Wärmeverluste und der Pumpenstrom kommt noch hinzu. Um diese Energieverluste in Grenzen zu halten, fordert die **Energieeinsparverordnung**, dass die Pumpe mit einer Zeitschaltuhr versehen ist. Die Pumpe sollte nur zu bestimmten Zeiten laufen, wenn die Wahrscheinlichkeit groß ist, dass Wasser gezapft wird. In Altbauten sollte eine solche Uhr unbedingt nachgerüstet werden, da sie sich in wenigen Monaten amortisiert.

Neben diesen einfachen Uhren gibt es noch folgende Steuerungen:

- Außer der Zeitschaltuhr enthält die Steuerung noch einen Temperaturfühler: Erst wenn die Temperatur in der Leitung z.B. 30 °C unterschreitet und der richtige Zeitpunkt da ist, schaltet sich die Pumpe kurz ein.
- „Selbstlernende" Pumpen „merken" sich die Zeiten, wann warmes Wasser gezapft wird, und schalten sich

am nächsten Tag kurz vorher selbsttätig ein und wieder aus.

- An den Wasserzapfstellen sind Taster (wie beim Treppenhauslicht) installiert. Tippt man kurz auf den Schalter, läuft die Pumpe für einige Minuten. Nach kurzer Zeit ist heißes Wasser an der Zapfstelle.
- Eine andere Regelung reagiert auf Druckschwankungen im Wassernetz. Man dreht kurzzeitig den Hahn auf und wieder zu. Die Pumpe beginnt einige Minuten lang zu laufen. Nach kurzer Zeit ist heißes Wasser da.

Bei den beiden letzten Regelungen sollte eine stärkere Pumpe installiert werden, damit die Wartezeit kurz ist.

In gut geplanten Einfamilienhäusern mit kurzen Wegen zwischen Wärmeerzeuger und Zapfstellen ist eine Zirkulationsleitung überflüssig. In Neubauten sollte die Wasserzirkulation unbedingt vermieden werden.

Die Dämmstärke der Warmwasserrohrleitungen sollte etwa dem Durchmesser der Rohrleitung entsprechen, aber nicht unter 2 cm liegen; der Leitungsquerschnitt sollte nicht unnötig groß sein. In einer Kupferleitung mit 15 mm Durchmesser ist nahezu **doppelt** so viel Wasser enthalten wie in einer Leitung mit 12 mm!

TIPP: In neueren Einfamilienhäusern liegt der Leistungsbedarf für die Beheizung häufig unter 10 Kilowatt. Wird das Warmwasser zentral durch den Heizkessel erwärmt und (z.B. aus Platz- oder Kostengründen) ein sehr kleiner Warmwasserspeicher gewählt, sollte die Kesselleistung **nicht unter 18 kW** liegen. Im Gegensatz zu Altanlagen wirkt sich bei Brennwertkesseln eine gewisse Überdimensionierung praktisch nicht negativ auf den Energieverbrauch aus.

Die früher propagierte Abtrennung der Warmwasserbereitung von der Zentralheizung im Sommer und Nachheizung über Strom ist bei modernen Heizungsanlagen weder ökonomisch noch ökologisch sinnvoll.

TIPP: Wenn die Warmwasserbereitung nicht elektrisch erfolgt, kann es sinnvoll sein, auch die **Wasch- und die Geschirrspülmaschine** an das Warmwassernetz anzuschließen, sofern diese Geräte nicht allzu weit vom Warmwasserbereiter entfernt stehen. Auf diese Weise lassen sich in einem 4-Personen-Haushalt pro Jahr ca. 100 € an Stromkosten sparen. Waschmaschinen müssen dafür ein Vorschaltgerät haben (Kosten: ca. 250 €), das nur im ersten Waschgang warmes Wasser in die Maschine fließen lässt. Alternativ kann das warme Wasser auch von Hand – z.B. mit einer alten Duscharmatur mit zwei Hähnen – eingefüllt werden, was allerdings weniger komfortabel ist. Geschirrspülmaschinen können meist direkt angeschlossen werden (siehe Betriebsanleitung oder Hersteller/Internet befragen).

Direkt beheizte Warmwasserbereiter

Direkt beheizte Gas-Warmwasserspeicher (**Vorratsheizer**) haben einen eigenen Gasbrenner und benötigen einen Schornsteinanschluss. Sie sind preiswerter als indirekt beheizte Speicher, haben aber hohe Betriebsbereitschaftsverluste: Die Zündflamme brennt ständig und verursacht schon allein Gasverluste im Wert von 50 bis 100 € pro Jahr. Hinzu kommt, dass es eine offene Verbindung zum Schornstein gibt: Es wird ständig kalte Luft durch den Speicher gesaugt und über den Schornstein nach draußen transportiert.
Die Abgase aus einem direkt befeuerten Warmwasserspeicher können nicht über denselben Schornsteinzug entsorgt werden, an dem ein Brennwertkessel hängt. Denn, ersterer arbeitet mit Unterdruck und letzterer mit Überdruck (Gebläse). Sie werden immer weniger eingebaut, da sie sehr uneffizient sind.

Durchlauferhitzer: Nur in Ausnahmefällen
Durchlauferhitzer erwärmen das Wasser dezentral erst zum Zeitpunkt der Entnahme, so dass keine Speicherverluste entstehen. Allerdings benötigen die Geräte zur Versorgung einer Dusche eine Anschlussleistung von mindestens 18 Kilowatt, so dass für elektrische Geräte ein 400-Volt-Drehstrom-Anschluss notwendig ist. Elektrische Durchlauferhitzer gibt es druckabhängig mit einer hydraulischen oder temperaturabhängig mit einer elek-

tronischen Steuerung. Die Letzteren sind trotz ihres höheren Preises wegen der gleichmäßigeren Auslauftemperatur die bessere Wahl. Starke Temperaturschwankungen unter der Dusche gehören damit der Vergangenheit an. Eine Warmwasserbereitung auf Strombasis ist allerdings nur in Ausnahmefällen sinnvoll, da Strom sehr teuer und in der Regel sehr umweltschädigend hergestellt wird.

Gasdurchlauferhitzer haben eine bessere Primärenergieausnutzung und niedrigere Betriebskosten. In früheren Jahren waren sie weit verbreitet, weil die Abgase einfach aus der Wand geführt werden konnten. Heute ist ein Schornsteinanschluss erforderlich, der meist nicht in der Nähe ist. Das ist einer der Gründe, warum sie kaum noch eingebaut werden. Auch Gasdurchlauferhitzer gibt es mit elektronischer Temperaturregelung.

Durchlauferhitzer eignen sich grundsätzlich für die Einzel- und Gruppenversorgung in kleineren Haushalten (Etagenwohnungen), bedingt auch zur zentralen Versorgung. Dabei muss jedoch beachtet werden, dass die gelieferte Warmwassermenge (6 bis 8 Liter pro Minute mit einer Temperatur von 60 °C) meist nur zur Versorgung jeweils einer Zapfstelle ausreicht. Eine weitere Wasserentnahme hat starke Temperatur- und Druckschwankungen zur Folge. Für Waschbecken in abgelegenen Räumen (Gäste-WC) gibt es auch Mini-Durchlauferhitzer, die an das 230 Volt Netz angeschlossen werden können.

Warmwasser-Wärmepumpen: Aus der Luft gegriffen
Warmwasser-Wärmepumpen bestehen im Prinzip aus zwei Komponenten: Nämlich einem Warmwasserspeicher mit 300 bis 400 Litern Wasserinhalt und dem Wärmepumpenaggregat, das entweder auf den Speicher aufgesetzt oder extern installiert ist. Meist ist aus Sicherheitsgründen noch ein elektrischer Heizstab eingebaut. Günstig ist es, wenn außerdem noch ein zweiter Wärmetauscher vorhanden ist, an den z.B. eine Solarkollektoranlage oder auch der Heizkessel angeschlossen werden kann. Der Speicherinhalt reicht in der Regel für einen 4-Personen-Haushalt.

Die kleinen Wärmepumpen entziehen der umgebenden Raumluft Wärme und führen sie dem Warmwasserspeicher zu. Auch Feuchtigkeit wird dem Raum dabei entzogen.

Wenn sich die Geräte im Heizungsraum befinden, können sie die Abwärme der Heizungsanlage nutzen. Da moderne Heizungsanlagen jedoch kaum noch Wärme an den Raum abgeben, besteht die Gefahr, dass zumindest kleine Räume zu stark auskühlen. Der Betrieb der Wärmepumpe sollte deshalb bei zu niedrigen Temperaturen eingestellt werden. Dann kann der Heizkessel die Versorgung übernehmen.

Bei alten Heizungsanlagen, die viel Wärme an den Raum abgeben, kann man mit solch einer Wärmepumpe die Abwärme zurückgewinnen. Energetisch günstiger ist jedoch eine moderne Heizungsanlage, da kein Wärmerecycling notwendig ist.

Bei geschickter Planung kann man sich mit einer solchen Luft-Wärmepumpe auch einen Kühlraum im Haus schaffen. Das kann sinnvoll sein, wenn das Haus keinen Keller hat. Der Kühlraum muss nach allen Seiten über einen sehr guten Wärmeschutz zu den Nachbarräumen und nach draußen verfügen.

Bei Geräten neuerer Bauart liegt die Arbeitszahl je nach Lufteintrittstemperatur und eingestellter Wassertemperatur im Bereich zwischen 2,5 und 3, d.h. aus einer Kilowattstunde Strom gewinnen die Geräte 2,5 bis 3 Kilowattstunden Wärme. Die Geräte arbeiten, wie alle Wärmepumpen, umso effizienter, je geringer die Temperaturdifferenz zwischen Wärmequelle (Raumluft) und Warmwasser ist. Deshalb sollte die Warmwassertemperatur so tief wie möglich eingestellt werden, beispielsweise 50 bis 55 °C. Um Legionellen zu vermeiden (⤳ Kapitel Sonnenenergie für Warmwasser), kann man den Speicher gelegentlich höher heizen.

Indirekt beheizte Warmwasserbereiter

Indirekt beheizte Warmwasserspeicher sind heute Standard und haben keine eigene Flamme. Sie werden in der Regel an den Wärmeerzeuger der Zentralheizung angeschlossen und/oder an eine Sonnenkollektoranlage.
Bei der gebräuchlichsten Bauart werden Rohrschlangen-Wärmetauscher verwendet. Der Speicher sollte nicht zu weit vom Kessel und von den Zapfstellen entfernt sein. Stehende Speicher haben eine günstigere Warmwasserschichtung als liegende. Der Speicherinhalt sollte bei Ein- und Zweifamilienhäusern etwa dem mittleren Tagesbedarf entsprechen, also etwa 30 bis 40 Liter pro Person; für einen 4-Personen-Haushalt könnte also ein 120-Liter-Speicher passen.
Mit einer zeitgesteuerten Speicheraufheizung lässt sich die Wirtschaftlichkeit der Warmwasserbereitung im Sommer deutlich erhöhen. Bei bivalentem Betrieb mit einer Solaranlage sind stets zwei Wärmetauscher erforderlich und das Speichervolumen sollte bei etwa 80 bis 100 Liter pro Person liegen.

Die gängigen Warmwasserspeicher bestehen aus emailliertem Stahl. Da die Emailleschicht auch schadhaft sein kann, ist zusätzlich eine **Magnesium-Opferanode** erforderlich: Sie besteht aus einem weniger „edlen" Metall, das anstelle des wertvollen Speichermaterials „geopfert" und damit im Laufe der Zeit buchstäblich zerfressen wird. Es ist deshalb wichtig, diese Opferanoden jährlich zu kontrollieren und gegebenenfalls zu ersetzen! Alternativ können auch wartungsfreie **Fremdstromanoden** eingebaut werden, die zwar erheblich teurer in der Anschaffung, aber dennoch lohnend sind, da die jährliche Wartung entfällt. (Viele Speicher sind schon vorzeitig korrodiert, weil niemand die Magnesium-Anode ausgewechselt hat.)
Bei Edelstahlspeichern ist keine Anode erforderlich; sie sind jedoch deutlich teurer als emaillierte Speicher und auch hier ist die Korrosionsgefahr nicht ganz gebannt.
Vorteile von indirekt beheizten Speichern: Sie können auch mehrere Zapfstellen gleichzeitig bedienen, und die

Temperatur des gezapften Wassers bleibt stabil. Es wird nur ein einziger Wärmeerzeuger benötigt, und das bedeutet: geringere Wartungskosten, einfacherer Anschluss an den Schornstein. Nur mit indirekt beheizten Speichern ist die Einbindung zukunftsträchtiger Energietechnologien möglich (Sonnenenergie, Wärmepumpen, Holzkessel, Brennstoffzelle etc.).

Schichtenspeicher sind ebenfalls indirekt beheizte Speicher, können aber energetisch noch effizienter beladen werden. Dieses System wurde nicht zuletzt durch die Einführung der Brennwerttechnik entwickelt. Wie beschrieben (⇢ Kapitel Sonnenenergie), wird beim Aufheizen Kaltwasser aus dem unteren Speicherteil entnommen, durch einen Plattenwärmetauscher geführt, auf die gewünschte Temperatur gebracht und im oberen Bereich des Speichers eingeschichtet. Durch dieses Prinzip können Brennwertheizgeräte auch bei der Warmwasseraufladung überwiegend im günstigen Kondensationsbetrieb arbeiten.

Wenn es im Haus eine **Heizwärmepumpe** gibt, sollte diese grundsätzlich auch zur Erwärmung des Warmwassers über einen indirekt beheizten Speicher eingesetzt werden. Das Wasser muss von ca. 10 °C auf ca. 50 bis 55 °C erhitzt werden. Mit zunehmender Temperatur steigt der Stromverbrauch der Wärmepumpe jedoch stark an. Am besten stellt man deshalb die Temperatur am Warmwasserspeicher nicht höher als 50 °C. Um die Bildung von Legionellen zu verhindern, kann mit einem Elektroheizstab z.B. einmal wöchentlich die Speichertemperatur auf über 60 °C angehoben werden. Auch Wärmepumpen haben höhere Wirkungsgrade, wenn sie an Schichtenspeichern arbeiten.
Optimal ist es, wenn zusätzlich zur Wärmepumpe eine Solarkollektoranlage betrieben wird, die etwa 60 bis 70 % der Wärme für den Warmwasserbedarf liefert und das Legionellen-Problem im Sommerhalbjahr löst. Die Heizwärmepumpe muss dann nur noch in der kalten Jahreszeit etwas mehr „gequält" werden.

Warmwassersysteme im Preisvergleich

Für die zentrale Warmwasserversorgung eignen sich praktisch alle Energieträger oder Systeme – also Öl, Gas, Fernwärme, Strom, Solarenergie oder Wärmepumpen. Der Installationsaufwand ist für die zentrale Versorgung aber meist etwas höher als bei der dezentralen Versorgung. Auch die Auskühlung des Wassers im Rohrnetz bei langen Wegen vom Speicher zur Zapfstelle kann ein Nachteil sein. Hier liegt die Stärke der verbrauchsnahen dezentralen Versorgung, wobei praktisch nur Gas oder Strom in Frage kommen.

Mit Blick auf Komfort und Energiekosten ist in Einfamilienhäusern mit drei bis vier Personen dennoch eine zentrale Versorgung die bessere Lösung. Im Einzelfall lässt sich eine weit entfernte Zapfstelle mit geringem Bedarf (z.B. Gäste-WC) auch dezentral versorgen.

Tabelle 15: Investitionskosten für verschiedene Warmwassersysteme

Warmwassersystem	Investitionskosten
Solaranlage mit 300 Liter-Speicher	5.000–6.000 €
Indirekt beheizter Speicher (160 Liter)	1.800 €
Direkt beheizter Gas-Warmwasser-Speicher	1.500 €
Elektro-Durchlauferhitzer, elektronisch geregelt	1.000 €
Elektro-Warmwasser-Wärmepumpe	2.500 €

Preise für ein frei stehendes Einfamilienhaus, inkl. Rohrnetz und Montage. Für Solaranlagen gibt es Zuschüsse und zinsverbilligte Darlehen.

Abbildung 50 auf der folgenden Seite zeigt, dass die Warmwasserbereitung mit einer Solaranlage zunächst deutlich teurer ist als die konventionelle Lösung. Jedoch können die Mehrkosten durch staatliche Zuschüsse und verbilligte Darlehen wieder ausgeglichen werden. Außerdem lassen sich die Kapitalkosten für die nächsten 10 bis 15 Jahre genau kalkulieren, während die Energiekosten völlig unkalkulierbar sind, d.h. Heizungsanlagen, die die Sonne nutzen, sind krisensicherer.

Abbildung 50: Energiekosten für die Warmwasserbereitung im 4-Personen-Haushalt

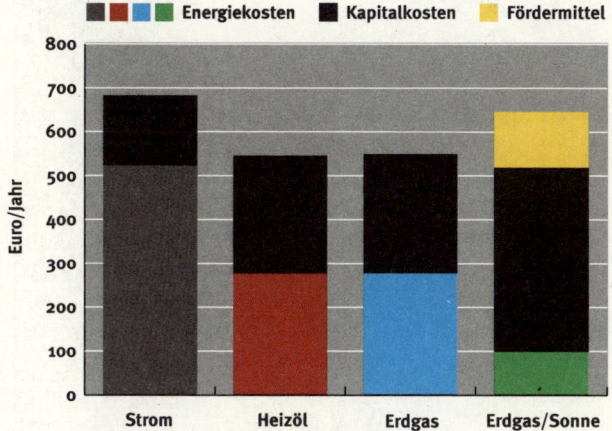

Preise: Heizöl = 6,0 Cent/kWh, Erdgas = 6,0 Cent/kWh, Strom = 17,0 Cent/kWh. Netto-Wärmebedarf = 2.500 kWh/Jahr. Für Solaranlagen gibt es Zuschüsse und zinsverbilligte Darlehen.

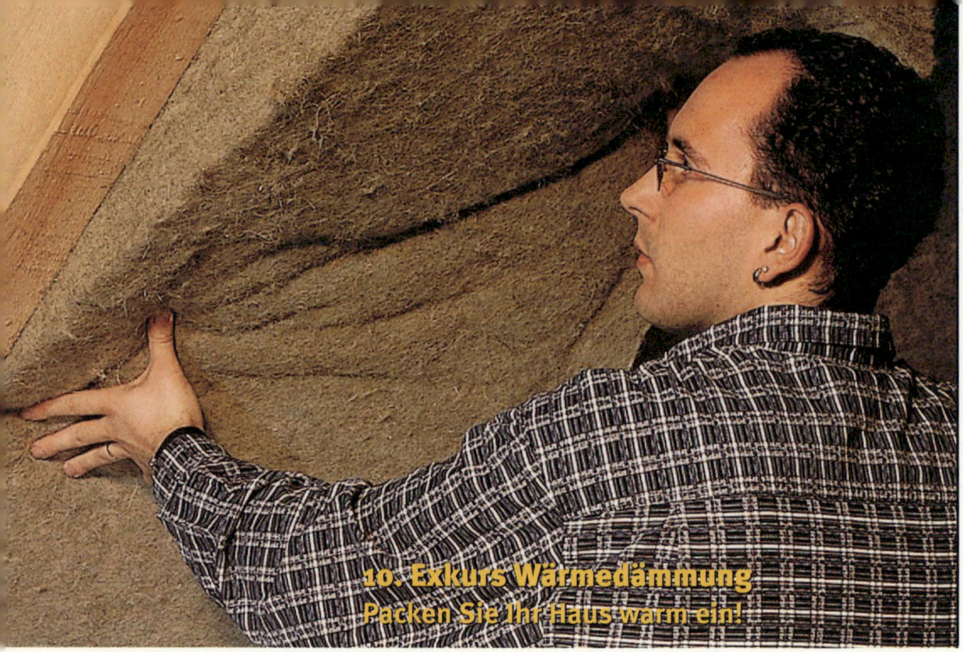

Altbauten

Mit einer guten Wärmedämmung kann man den Energieverbrauch eines Altbaus etwa halbieren (⋯⟶ Abbildung 51). Die Wärmedämmung muss das gesamte beheizte Gebäudevolumen lückenlos umhüllen. Eine weitere Halbierung des Energieverbrauchs ist möglich, wenn zusätzlich eine moderne Heizungsanlage (in der Regel ein Brennwertkessel) und eine Solarkollektoranlage für die Warmwasserbereitung installiert werden. Die Installation der Heizungsanlage innerhalb der Wärme übertragenden Hüllfläche, d.h. im Wohnraum, bringt weitere 5 bis 10 % Energieeinsparung, weil die unvermeidlichen Betriebsbereitschafts- und

Abbildung 51: Vom Altbau zum Niedrigenergiehaus

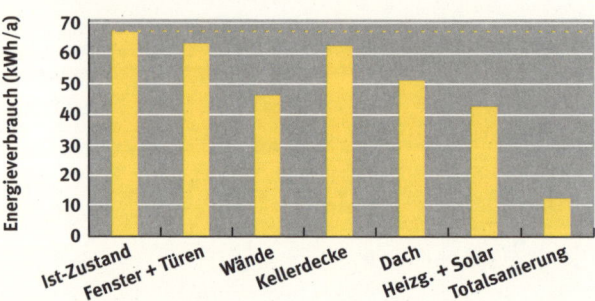

Aus einem Altbau wird ein Niedrigenergiehaus durch Wärmedämmung und Heizungssanierung. Nach Durchführung aller Einzelmaßnahmen vermindert sich der Heizenergieverbrauch um fast 80 %. Bei einem Haus mit 200 m² Wohnfläche werden die Heizkosten um 2.700 € und die Emissionen des Klimaschadstoffs Kohlendioxid um mindestens 16 Tonnen pro Jahr vermindert. Die KfW vergibt für eine derartige Sanierung zinsverbilligte Darlehen und Zuschüsse mit dem Programm „Energieeffizient Sanieren" (⋯⟶ S. 142).

Abbildung 52: Wirtschaftlich sinnvolle Dämmstärken in Alt- und Neubauten

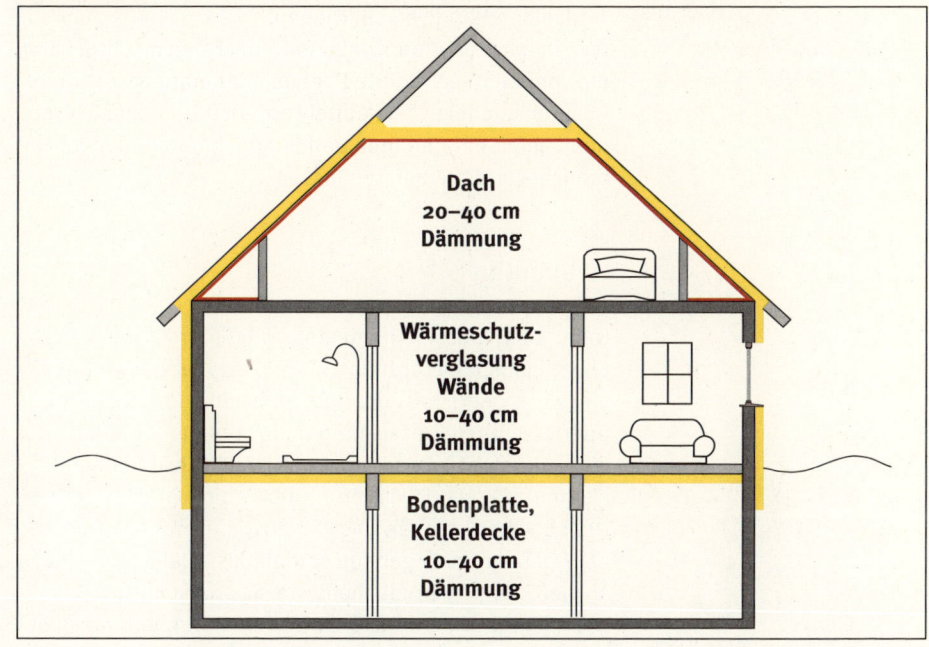

Dach
20–40 cm
Dämmung

Wärmeschutz-
verglasung
Wände
10–40 cm
Dämmung

Bodenplatte,
Kellerdecke
10–40 cm
Dämmung

Verteilungsverluste der Beheizung zugute kommen. In die Außenwände gehören mindestens etwa 14 bis 20 cm Dämmstoff, in das Dach 20 bis 25 cm und in die Bodenplatte oder Kellerdecke 10 bis 15 cm Dämmmaterial. Gibt es in den Außenmauern eine Hohlschicht, so kann diese mit einem hydrophobierten Dämmstoff sehr kostengünstig voll geblasen werden.

Wärmedämmung hat folgende Vorteile:

- Der Wohnkomfort steigt, weil die Temperaturen der Außenbauteile angehoben werden (⋯⋗ Abbildung 38 und Abbildung 39 auf S. 101/103).
- An warmen Bauteilen bildet sich kein Kondenswasser. Schimmelprobleme werden in der Regel aus der Welt geschafft.
- Die Energiekosten und die Abhängigkeit von Energieversorgern werden vermindert.
- Die Schadstoffemissionen sinken, d.h. der Kohlendioxidausstoß vermindert sich nicht selten um 10 Tonnen pro Jahr und Einfamilienhaus.

• Die Sanierung alter Häuser schafft Arbeitsplätze in kleinen Handwerksbetrieben.

Wer sein Energiepotenzial ermitteln lassen möchte, kann die vom Bund geförderte Energiesparberatung vor Ort in Anspruch nehmen (⋯⋮ Kapitel Fördermittel) oder sich von den Energieberaterinnen und Energieberatern der Verbraucherzentrale beraten lassen.

Neubauten

Neubauten müssen mindestens die Anforderungen der Energieeinsparverordnung (ENEV 2009) erfüllen. Langfristig wirtschaftlich ist der Bau eines Effizienzhauses 70 oder 55 (frühere Bezeichnung: KFW 60 oder 40) oder eines Passivhauses (⋯⋮ Abbildung 53). Diese Gebäude werden von der KFW gefördert (⋯⋮ Kapitel Fördermittel). Die EU verlangt sogar, dass ab 2019 in Europa nur noch Nullenergiehäuser gebaut werden, also Häuser, die nur so viel Energie verbrauchen, wie sie selbst mittels Solarenergienutzung produzieren. Weitere Informationen gibt es bei der Energieberatung Ihrer Verbraucherzentrale.

Abbildung 53: Energieverbrauch von Neubauten

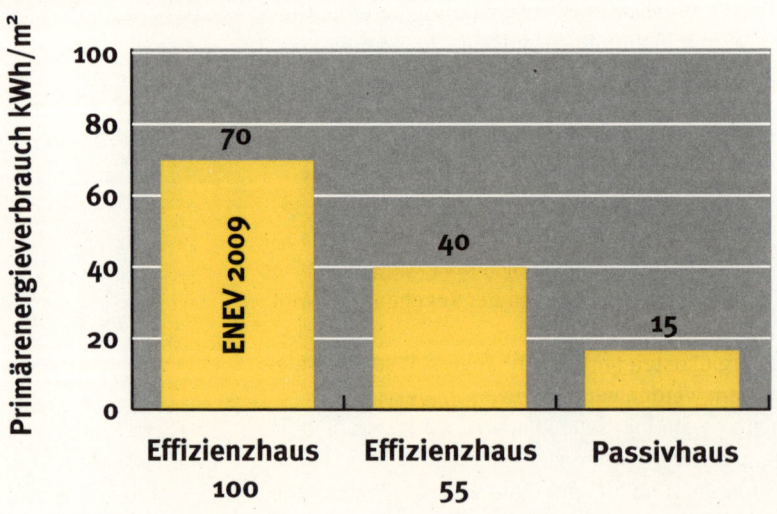

11. Fördermittel

Energiesparende Maßnahmen und Investitionen zur Nutzung erneuerbarer Energien werden vom Bund, einigen Bundesländern sowie auch von Energieversorgern gefördert. Die Aufzählung aller Förderprogramme würde den Rahmen dieser Broschüre sprengen; außerdem werden Förderprogramme laufend verändert. Im Folgenden stellen wir deshalb nur die Förderprogramme des Bundes kurz dar. Über Fördermittel der Länder und der Energieversorger gibt die Energieberatung Ihrer Verbraucherzentrale (⟶ Kapitel Adressen) Auskunft oder auch Ihr Energieversorgungsunternehmen.

Wichtig: Öffentliche Fördermittel müssen grundsätzlich vor Auftragsvergabe beantragt werden. In der Regel muss man auf den Bewilligungsbescheid warten, bevor mit der Maßnahme begonnen werden kann (außer BAFA-Förderung).

Bundesamt für Wirtschaft und Ausfuhrkontrolle (BAFA) in Eschborn: Das BAFA fördert die Nutzung erneuerbarer Energien durch Zuschüsse. Außerdem gibt es Zuschüsse für die Energiesparberatung vor Ort.

Kreditanstalt für Wiederaufbau (KfW): Die KFW vergibt für die Sanierung und Dämmung von Wohngebäuden zinsverbilligte Darlehen und Zuschüsse. Besonders interessant sind die folgenden zwei Programme:

1. Energieeffizient Bauen

Gefördert werden das Effizienzhaus 70 (frühere Bezeichnung: KFW-60-Haus), das Effizienzhaus 55 (früher: KFW-40)oder das Passivhaus mit zinsgünstigen Krediten. Ferner wird bei Neubauten auch der Einbau von Heizungstechnik auf Basis von erneuerbaren Energien, der Kraft-Wärme-Kopplung und Nah-/Fernwärme gefördert.

2. Energieeffizient Sanieren

Gefördert werden Einzelmaßnahmen wie Dämmung der Außenwände, des Daches, der Bodenplatte oder Kellerdecke und die Heizungssanierung durch verbilligte Darlehen ab 2,5 % (September 2009). Maximal sind 50.000 € je Wohneinheit erhältlich. Wer die Sanierung aus Eigenmitteln finanziert erhält einen Zuschuss in Höhe von 5 % der Investition, maximal aber 2.500 Euro je Wohneinheit.

Bei einer Totalsanierung auf das Niveau „Effizienzhaus 130" gibt es ein Darlehen von bis zu 75.000 € je Wohneinheit mit zurzeit 1,4 % Effektivzins (September 2009) und einen Tilgungszuschuss in Höhe von 5 % des Darlehens. Bei Erreichung des Niveaus „Effizienzhaus 100" erhöht sich der Tilgungszuschuss auf 12,5 % der Investition. Das Effizienzhaus 130 verbraucht nicht mehr Energie als in einem Neubau nach alter Norm (EnEV 2007) zugelassen war. Das Effizienzhaus 100 verbraucht nur soviel, wie nach neuer Norm (EnEV 2009) in Neubauten maximal zulässig ist.

Statt des Darlehens kann man die Totalsanierung auch aus Eigenmitteln finanzieren. Dann gibt es von der KFW Zuschüsse in Höhe von 10% (Effizienzhaus 130) bzw. 17,5 % (Effizienzhaus 100).

Des Weiteren bietet die KFW im Rahmen des Programms „Energieeffizient Sanieren" eine Sonderförderung an für Baubegleitung (bei der Sanierung zum Effizienzhaus), den Abbau von Nachtspeicheröfen und die Optimierung bestehender Heizungsanlagen.

Verordnungen und Gesetze

Bundesimmissionsschutzverordnung (BImSchVo)

Die Bundesimmissionsschutzverordnung bestimmt die maximal zulässigen Emissionen von Luftschadstoffen aller Art. Im Teil 1 dieser Verordnung, auch **Kleinfeuerungsanlagenverordnung** genannt, geht es um die Emissionen bei der Verbrennung, den maximalen Schadstoffausstoß und die maximalen Abgasverluste von Wärmeerzeugern. Nach dieser Verordnung betragen die **maximalen Abgasverluste** von Öl- und Gasheizkesseln bei Heizleistungen

- bis 25 kW   11 %,
- bis 50 kW   10 %,
- über 50 kW   9 %.

Gleichzeitig werden auch die **Stickoxid-Emissionen** in dieser Verordnung begrenzt, und zwar auf 120 mg/kWh für Heizöl und auf 80 mg/kWh für Erdgas. Die Abgasverluste werden vom Schornsteinfeger jährlich gemessen. Die Stickoxid-Emissionen sind bei Neuanlagen oder bei wesentlichen Änderungen an bestehenden Anlagen durch Bescheinigung des Herstellers nachzuweisen.

Brennwertgeräte unterliegen allerdings nicht der jährlichen Abgasmessung! Eine Überprüfung dieser Anlagen findet vielmehr im Rahmen der länderspezifischen Kehr- und Überprüfungsordnung statt. Deshalb sind in der Regel die Schornsteinfegergebühren von Brennwertgeräten weitaus niedriger als die von konventionellen Heizwertgeräten.

Energieeinsparverordnung (EnEV 2009)

Die Energieeinsparverordnung ist im Jahre 2002 aus der Wärmeschutzverordnung und der Heizungsanlagenverordnung hervorgegangen. In ihr wird festgelegt, dass bei neuen Gebäuden der Wärmeverlust durch die Gebäudehülle (Transmission) und der Primärenergiebedarf (Kohle, Erdgas, Erdöl und Uran) je m² Nutzfläche bestimmte Grenzwerte nicht überschreiten dürfen. Die Energieeinsparverordnung wird im Jahre 2009 wesentlich verschärft: Neubauten sollen dann rund 30 % weniger Energie verbrauchen. Für alte Wohngebäude fordert die EnEV 2009:

- „Eigentümer von Gebäuden dürfen Heizkessel, die mit flüssigen und gasförmigen Brennstoffen beschickt werden und vor dem 1. Oktober 1978 eingebaut oder aufgestellt worden sind, nicht mehr betreiben." Ausnahmen: Niedertemperatur- und Brennwertkessel oder Kessel mit weniger als 4 kW und mehr als 400 kW Nennleistung.
- „Eigentümer von Gebäuden müssen dafür sorgen, dass bei heizungstechnischen Anlagen bisher ungedämmte, zugängliche Wärmeverteilungs- und Warmwasserleitungen sowie Armaturen, die sich nicht in beheizten Räumen befinden, ... zur Begrenzung der Wärmeabgabe gedämmt sind."
- „Eigentümer [...] müssen dafür sorgen, dass bisher ungedämmte, nicht begehbare, aber zugängliche oberste Geschossdecken beheizter Räume so gedämmt sind, dass der Wärmedurchgangskoeffizient der Geschossdecke 0,24 Watt/(m² K) nicht überschreitet. Die Pflicht ... gilt als erfüllt, wenn anstelle der Geschossdecke das darüber liegende, bisher ungedämmte Dach entsprechend gedämmt ist."

Ausnahmen:
Bei Wohngebäuden mit nicht mehr als zwei Wohnungen, von denen der Eigentümer eine Wohnung am 1. Februar 2002 selbst bewohnt hat, sind obige Pflichten erst im Falle eines Eigentümerwechsels nach dem 1. Februar 2002 von dem neuen Eigentümer zu erfüllen. Die Frist zur Pflichterfüllung beträgt zwei Jahre ab dem ersten Eigentumsübergang. Sind im Falle eines Eigentümerwechsels vor dem 1. Januar 2010 noch keine zwei Jahre verstrichen, genügt es, die obersten Geschossdecken beheizter Räume so zu dämmen, dass der Wärmedurchgangskoeffizient der Geschossdecke 0,30 Watt/(m² K) nicht überschreitet.

Der nächste Paragraph (§ 10a) befasst sich mit der Außerbetriebnahme von Elektroheizungen, weil deren Betrieb in den Kraftwerken sehr hohe Emissionen des Klimaschadstoffs Kohlendioxid zur Folge hat.

- „In Wohngebäuden mit mehr als fünf Wohneinheiten dürfen Eigentümer elektrische Speicherheizsysteme nach Maßgabe nicht mehr betreiben, wenn die Raumwärme in den Gebäuden ausschließlich durch elektrische Speicherheizsysteme erzeugt wird."
- „Vor dem 1. Januar 1990 eingebaute oder aufgestellte elektrische Speicherheizsysteme dürfen nach dem 31. Dezember 2019 nicht mehr betrieben werden. Nach dem 31. Dezember 1989 eingebaute oder aufgestellte elektrische Speicherheizsysteme dürfen nach Ablauf von 30 Jahren nach dem Einbau oder der Aufstellung nicht mehr betrieben werden. Wurden die elektrischen Speicherheizsysteme nach dem 31. Dezember 1989 in wesentlichen Bauteilen erneuert, dürfen sie nach Ablauf von 30 Jahren nach der Erneuerung nicht mehr betrieben werden."

Auch bei der Außerbetriebnahme von Elektroheizungen gibt es Ausnahmen: Z.B. wenn der Austausch auch bei Inanspruchnahme öffentlicher Fördermittel unwirtschaftlich ist, der Bauantrag für das Gebäude nach dem 31.12.94 gestellt wurde oder das Gebäude die Wärmeschutzverordnung von 1994 erfüllt.

Grundsätzlich ist der Gesetzgeber gegenüber Althausbesitzern und Vermietern sehr großzügig und gewährt Ausnahmen und großzügige Fristen, obwohl Uraltkessel, ungedämmte Rohrleitungen, Elektroheizungen und ungedämmte Gebäude große ökonomische und ökologische Schäden (Kohlendioxid) verursachen. Die Amortisationszeiten der Investitionen sind oft sehr kurz (Monate bis einige Jahre). Deshalb sollten die gesetzlichen Vorgaben nur als Minimum angesehen werden.

Erneuerbare-Energien-Gesetz (EEG)

Dieses Gesetz aus dem Jahre 2001 wurde 2008 novelliert und dient der Förderung erneuerbarer Energien zur Stromerzeugung. Ziel ist es, den Stromanteil aus Erneuerbaren Energien von derzeit etwa 15 % auf 25–30 % im Jahre 2020 zu erhöhen, nachdem das EEG in den vergan-

genen sechs Jahren für eine Verdopplung gesorgt hat.
Das EEG ist ein sehr erfolgreiches Instrument und gilt
auch international als vorbildlich.

Nach dem EEG gibt es eine Mindestpreisregelung mit
Pflicht zur Aufnahme und Vergütung des Stroms aus erneuerbaren Energien. Das Verfahren führt zu einer durchschnittlichen Erhöhung der Bezugskosten von Strom für
Endverbraucher in der Größenordnung von derzeit rd.
0,05 Cent pro kWh. Bei dem gewünschten kräftigen
Wachstum der erneuerbaren Energien wird diese „Belastung" in einigen Jahren lediglich auf rd. 0,1 Cent pro
kWh steigen.
Bei den Mindestvergütungen an die Einspeiser wird die
Vergütungshöhe differenziert nach Sparten der erneuerbaren Energien, nach Größe der Anlagen und bei Wind-
energie nach dem Windstandort. Die Vergütungssätze
vermindern sich von Jahr zu Jahr für dann neu zu errichtende Anlagen, weil die Anlagen durch zunehmende Mas-
senproduktion immer billiger werden. Mittelfristig ist das
EEG eines der wenigen Gesetze, das sich selbst überflüssig macht.

Erneuerbare-Energien-Wärmegesetz (EEWärmeG)
Zurzeit werden nur etwa 6,6 % des deutschen Wärmebedarfs durch Erneuerbare Energien gedeckt. Studien
führender Forschungsinstitute prognostizieren, dass die
„Erneuerbaren" den Wärmebedarf Deutschlands 2050
schon zu 50 Prozent decken können. Das EEWärmeG, das
am 1.1.2009 in Kraft trat, legt fest, dass im Jahr 2020
etwa 14 % des deutschen Wärmebedarfs aus erneuerbaren Quellen gedeckt werden müssen, um 86 Mio. Tonnen CO_2 einzusparen. Das Gesetz hat drei Säulen:

1. Nutzungspflicht: Eigentümer von Gebäuden, die neu
    gebaut werden, müssen Erneuerbare Energien für ihre
    Wärmeversorgung nutzen. Genutzt werden können
    alle Formen von Erneuerbaren Energien, auch in Kom-
    bination. Wer keine Erneuerbaren Energien einsetzen
    will, kann andere Klima schonende Maßnahmen er-

greifen: Eigentümer können ihr Haus stärker dämmen, Wärme aus Fernwärmenetzen beziehen oder
Wärme aus Kraft-Wärme-Kopplung nutzen.

2. Finanzielle Förderung: Die Nutzung Erneuerbarer Energien wird auch in Zukunft finanziell gefördert.

3. Wärmenetze: Das Gesetz erleichtert den Ausbau von
Wärmenetzen. Es sieht vor, dass Kommunen auch im
Interesse des Klimaschutzes den Anschluss und die
Nutzung eines solchen Netzes vorschreiben können.

Die erste Forderung ist bei Ein- und Zweifamilienhäusern
erfüllt, wenn mindestens 0,04 m² Kollektorfläche pro m²
beheizter Nutzfläche installiert werden, Bei einem Haus
mit 100 m² also 4 m² Kollektorfläche. Bei mehr als 2 Wohnungen sind 0,03 m² Kollektorfläche erforderlich. Eigentümer aller anderen Gebäude, auch Nichtwohngebäude
müssen den Energiebedarf zu mindestens 15 % aus Erneuerbaren Energien abdecken.
Wer feste Biomasse, Erdwärme oder Umweltwärme nutzt,
muss seinen Wärmebedarf zu mindestens 50 % daraus
decken. Das Gesetz stellt aber gewisse ökologische und
technische Anforderungen, z.B. bestimmte Jahresarbeitszahlen beim Einsatz von Wärmepumpen, was den um-
weltverträglichen Einsatz der Technologien gewährleisten
soll.
Auch Pflanzenöl und Biogas können gewählt werden,
wenn diese mindestens 50 % (Pflanzenöl) bzw. 30 %
(Biogas) des Wärmebedarfs liefern und die Wärme aus
Blockheizkraftwerken oder Brennwertkesseln kommt.
Diese Brennstoffe dürfen außerdem nicht gewissen
Nachhaltigkeitsanforderungen widersprechen (z.B.
Palmölproduktion durch Urwaldzerstörung).

12. Angebot und Vergabe
Festpreis vermeidet Ärger

Bevor ein Auftrag erteilt wird, sollten mindestens drei Angebote eingeholt werden. Sie sind – sofern nichts anderes vereinbart wurde – kostenfrei. Wichtig ist es, die erwarteten Leistungen präzise zu beschreiben und schriftlich bestätigen zu lassen. Unser Musterbrief kann dabei behilflich sein. In Zweifelsfällen ist die Energieberatung Ihrer Verbraucherzentrale für Sie da.

Der Markt für Heizkessel und Zubehör ist durch ein hohes technisches Niveau gekennzeichnet. Die Unterschiede liegen weniger bei den Herstellern, sondern in erster Linie bei der Systemauswahl (z.B. Fußbodenheizung oder Plattenheizkörper, Brennwertgerät oder Wärmepumpe). Die meisten Heizungsbauer führen ein oder zwei Hersteller, halten deren Ersatzteile vor und bekommen auf ihre „Hausmarke" die höchsten Rabatte.

TIPP: Es ist zweckmäßig, dem Heizungsbauer nicht einen speziellen Hersteller vorzugeben, sondern das gewünschte System. Das schriftliche Angebot sollte eine **spezifizierte Leistungsbeschreibung** mit entsprechenden Typen- und Mengenangaben enthalten. Die eingetragenen Preise für die entsprechenden Massen sind verbindlich.

Liegen einzelne Rechnungspositionen später höher als im Angebot, hat das meist folgende Gründe:

- **Zusatzarbeiten**: Über zusätzliche Arbeiten, die erst nach Auftragsvergabe vereinbart wurden, sollte vom ausführenden Betrieb ein schriftliches Nachtragsangebot eingeholt werden.
- **Fehlende Kostenpositionen**: Gelegentlich werden einzelne Positionen beim Angebot „vergessen" – z.B. wird ein Kessel ohne Brenner aufgeführt. Beim Angebotsvergleich sollten Sie die einzelnen Kostenpositionen deshalb aufmerksam studieren. Sind die Preisdifferenzen zu groß, wurde wahrscheinlich etwas „vergessen". Wenn nötig, sollte ein Nachtragsangebot eingeholt werden.
- **Arbeitszeiten**: Die Angebote enthalten in der Regel die zu liefernde Menge (z.B. 1 Stück Brennwertkessel, Typ XY, liefern und einbauen), während die Einbaukosten häufig mit der Anzahl der Stunden am Ende des Angebots aufgeführt werden. Besser ist eine Vereinbarung, in der alle Arbeiten inklusive Montage vereinbart werden. Im Klartext: Versuchen Sie einen Komplettpreis auszuhandeln, das erspart Ihnen böse Überraschungen.

Wartungsvertrag: Die Energieeinsparverordnung schreibt regelmäßige Wartungen an Heizungsanlagen vor. Die Energieeinsparverordnung verlangt, dass Heizungsanlagen regelmäßig gewartet werden. Auch diese Leistung können Sie sich in Form eines Vertrages anbieten lassen. Dabei sollte eine gründliche Wartung durch den Heizungsmonteur unbedingt folgende Arbeiten umfassen:

- Reinigung der/des Wärmetauscher/s,
- Reinigung des Brenners und seiner Luftzuführung,
- Reinigung der Brennkammer,
- Überprüfung des Heizgeräts und seiner Sicherheitseinrichtungen,
- Abgasmessung und Überprüfung des Abgasweges,
- Überprüfung des Ausdehnungsgefäßes,
- Überprüfung der Solaranlage (Ausdehnungsgefäß und Frostschutz).

Abbildung 54: Musterbrief

Ewald Frostbeul · Kaltwasserweg 82 · 99999 Durchsotting

Ewald Frostbeul · Kaltwasserweg 82 · 99999 Durchsotting

Firma
Heizung Sanitär Schnellgemacht
Kesselstraße 1

99998 Heizhausen   Durchsotting, d.

[Musterbrief]

Angebot über die Erneuerung meiner Heizungsanlage

Sehr geehrte Damen und Herren,

auf der Grundlage unseres Gesprächs und der Besichtigung der Heizungs-
anlage in meinem Hause bitte ich Sie um Erstellung eines Angebots über die
komplette Erneuerung.
Ich bitte darum, alle Komponenten den nachfolgend genannten funktionellen
Einheiten zuzuordnen, da mir sonst eine Vergleichbarkeit mit anderen
Angeboten nicht möglich ist:
– Wandhängender Brennwertkessel, mit modulierendem Brenner,
   Leistung 5 – 15 kW, Hocheffizienzpumpe
– Witterungsgeführte Regelung
– Abgasanlage, raumluftunabhängiger Betrieb
– Kondensatableitung
– Warmwasserspeicher 160 Liter
– zehn voreinstellbare Thermostatventile mit Proportionalbereich 1
– hydraulischer Abgleich
– Demontage und fachgerechte Entsorgung der alten Anlagenteile
– Inbetriebnahme
– Wartungsvertrag
Das Angebot enthält alle für den wirtschaftlichen und sicheren Betrieb
erforderlichen Einrichtungen.
Des Weiteren bitte ich um Abgabe eines Alternativangebots, das die Ein-
bindung einer Solaranlage zur Warmwasserbereitung einbezieht. Die Anlage
soll bezogen auf einen durchschnittlichen Warmwasserbedarf für unseren
4-Personenhaushalt von 160 Litern pro Tag eine solare Deckung von 60 – 65 %
erbringen:
–   6 m² Flachkollektoren, Aufdachmontage
–   400 Liter Solarspeicher
–   Wärmemengenzähler

Bei Rückfragen erreichen Sie mich unter Telefon ....
Ich bedanke mich schon jetzt für Ihr Angebot.
Mit freundlichen Grüßen

13. Adressen

Erkundigen Sie sich bitte bei der **Verbrau-cherzentrale** Ihres Bundeslandes nach den örtlichen Beratungsstellen und den Sprechzeiten der Energieberaterinnen und Energieberater. Dort erhalten Sie weitere individuelle und Anbieter unabhängige Informationen sowie einschlägige Ratgeber. Falls Ihnen der Weg zur nächsten Beratungsstelle zu weit ist, rufen Sie einfach an oder besuchen Sie uns im Internet unter
www.verbraucherzentrale-
energieberatung.de.

Ergänzend zu den Verbraucherzentralen haben wir im Anschluss noch einige weitere Adressen und Internetadressen zusammengestellt, die Ihnen bei Fragen zur Energienutzung behilflich sein können.

Verbraucherzentralen

Verbraucherzentrale Baden-Württemberg e.V.
Paulinenstr. 47
70178 Stuttgart
Tel.: 01805 505999
Fax: 0711 669150
info@vz-bw.de
www.vz-bw.de

Verbraucherzentrale Bayern e.V.
Mozartstr. 9
80336 München
Tel.: 089 53987-0
Fax: 089 537553
info@verbraucherzentrale-bayern.de
www.verbraucherzentrale-bayern.de

Verbraucherzentrale Berlin e.V.
Hardenbergplatz 2
10623 Berlin
Tel.: 030 21485-0
Fax: 030 2117201
mail@verbraucherzentrale-berlin.de
www.verbraucherzentrale-berlin.de

Verbraucherzentrale Brandenburg e.V.
Templiner Str. 21
14473 Potsdam
Tel.: 0331 29871-0
Fax: 0331 29871-77
info@vzb.de
www.vzb.de

Verbraucherzentrale Bremen e.V.
Altenweg 4
28195 Bremen
Tel.: 0421 16077-7
Fax: 0421 16077-80
info@vz-hb.de
www.verbraucherzentrale-bremen.de

Verbraucherzentrale Hamburg e.V.
Kirchenallee 22
20099 Hamburg
Tel.: 040 24832-0
Fax: 040 24832-290
info@vzhh.de
www.vzhh.de

Verbraucherzentrale Hessen e.V.
Große Friedberger Str. 13–17
60313 Frankfurt
Tel.: 01805 972010
Fax: 069 972010-50
vzh@verbraucher.de
www.verbraucher.de

Neue Verbraucherzentrale in
Mecklenburg und Vorpommern e.V.
Strandstr. 98
18055 Rostock
Tel.: 0381 20870-50
Fax: 0381 20870-30
info@nvzmv.de
www.nvzmv.de

Verbraucherzentrale Niedersachsen e.V.
Herrenstr. 14
30159 Hannover 1
Tel.: 0511 91196-0
Fax: 0511 91196-10
info@vzniedersachsen.de
www.verbraucherzentrale-
niedersachsen.de

Verbraucherzentrale Nordrhein-Westfalen e.V.
Mintropstr. 27
40215 Düsseldorf
Tel.: 0211 3809-0
Fax: 0211 3809-216
vz.nrw@vz-nrw.de
www.vz-nrw.de

Verbraucherzentrale Rheinland-Pfalz e.V.
Ludwigstr. 6
55116 Mainz
Tel.: 06131 2848-0
Fax: 06131 2848-66
info@vz-rlp.de
www.vz-rlp.de

Verbraucherzentrale Saarland e.V.
Trierer Str. 22
66111 Saarbrücken
Tel.: 0681 50089-0
Fax: 0681 58809-22
vz-saar@vz-saar.de
www.vz-saar.de

Verbraucherzentrale Sachsen e.V.
Brühl-Center, Brühl 34–38
04109 Leipzig
Tel.: 0341 696290
Fax: 0341 6892826
vzs@vzs.de
www.verbraucherzentrale-sachsen.de

Verbraucherzentrale Sachsen-Anhalt e.V.
Steinbocksgasse 1
06108 Halle
Tel.: 0345 2980-329
Fax: 0345 2980-326
vzsa@vzsa.de
www.vzsa.de

Verbraucherzentrale Schleswig-Holstein e.V.
Andreas-Gayk-Str. 15
24103 Kiel
Tel.: 0431 59099-0
Fax: 0431 59099-77
info@verbraucherzentrale-sh.de
www.verbraucherzentrale-sh.de

Verbraucherzentrale Thüringen e.V.
Eugen-Richter-Str. 45
99085 Erfurt
Tel.: 0361 55514-0
Fax: 0361 55514-40
info@vzth.de
www.vzth.de

Weitere Adressen

Bundesamt für Wirtschaft und Ausfuhrkontrolle (BAfA)
Postfach 5160
65726 Eschborn
Tel.: 06196 908-0
Fax: 06196 908-800
www.bafa.de

Liste der Energieberater vor Ort, Förder-
richtlinien, Förderprogramme und Förder-
anträge, Publikationen und Statistiken
des Bundeswirtschaftsministeriums

Bund der Energieverbraucher e.V.
Frankfurter Str. 17
53572 Unkel
Tel.: 02224 9227-0
Fax: 02224 10321
info@energieverbraucher.de
www.energieverbraucher.de
Zeitschrift: Die Energiedepesche

Centrales Agrar-Rohstoff-Marketing- und
Entwicklungs-Netzwerk e.V. (C.A.R.M.E.N.)
Schulgasse 18
94315 Straubing
Tel.: 09421 960-300
Fax: 09421 960-333
contact@carmen-ev.de
www.carmen-ev.de
Adressen & Infos zur Nutzung von Biomasse

Fachagentur für nachwachsende Rohstoffe e.V.
Hofplatz 1
18276 Gützow
Tel.: 03843 6930-0
Fax: 03843 6930-102
info@fnr.de
www.fnr.de
Infos über nachwachsende Rohstoffe und
Förderung

Europäisches Testzentrum für Wohnungs-
lüftungsgeräte e.V.
Ernst-Mehlich-Str. 4 a
44141 Dortmund
Tel.: 0231 53477-0
Fax: 0231 53477-109
info@tzwl.de

www.tzwl.de
Informationen über Wohnungslüftungs-
geräte aller Bauweisen

Informationszentrum Wärmepumpen und
Kältetechnik e.V. (IZW)
Welfengarten 1a
30167 Hannover
Tel.: 0511 167475-12
Fax: 0511 167475-25
email@izw-online.de
www.izw-online.de
Infos über Wärmepumpen, Publikationen,
Fördermittel

Bundesverband WärmePumpe e.V.
Charlottenstr. 24 / Tuteur Haus
10117 Berlin
Tel.: 030 208799711
Fax: 030 208799712
info@waermepumpe-bwp.de
www.waermepumpe-bwp.de
Infos über Wärmepumpen, Hersteller, Betriebe

Institut Wohnen und Umwelt GmbH
Annastr. 15
64285 Darmstadt
Tel.: 06151 2904-0
Fax: 06151 2904-97
info@iwu.de
www.iwu.de
Infos zur effizienten Energienutzung,
Passivhäusern u.a.

Kreditanstalt für Wiederaufbau (KfW)
Palmengartenstr. 5–9
60325 Frankfurt am Main
Tel.: 069 7431-0
Fax: 069 7431-2944
info@kfw.de
www.kfw.de
Kreditprogramme
www.co2online.de: Berechnungsprogramm
zum Energieverbrauch, Hinweis auf
Energieberater und Fachbetriebe vor Ort

Öko-Institut e.V. Büro Darmstadt
Rheinstr. 95
64295 Darmstadt
Tel.: 06151 8191-0
Fax: 06151 8191-33
info@oeko.de
www.oeko.de
Infos zu Schadstoffemissionen von Energie-
anlagen

Interstaatliche Hochschule für Technik Buchs
Wärmepumpen-Testzentrum Buchs
Werdenbergstr. 4
CH-9471 Buchs SG
Tel.: +41 81 7553350
Fax: +41 81 7553440
wpz@ntb.ch
www.wpz.ch
Unabhängige Test von Wärmepumpen

Wuppertal-Institut für Klima, Umwelt und
Energie GmbH
Döppersberg 19
42103 Wuppertal
Tel.: 0202 2492-0
Fax: 0202 2492-108
info@wupperinst.org
www.wupperinst.org

Weitere interessante Internetadressen

www.energie-server.de: Seminare, Tagungen, Workshops, Stellenangebote, Trendthemen zu erneuerbaren Energiequellen und Energieeinsparung

www.energielabel.de: Liste der sparsamsten Geräte fürs Büro und im Bereich Unterhaltungselektronik

www.spargeraete.de: Marktübersicht über sparsame Hausgeräte

www.stromeffizienz.de: Stromsparen im Haushalt

www.enev-online.de: Neue Energiesparverordnung, Gesetzestext, Presseinformationen, Kommentare

www.eurosolar.org: Europäische Vereinigung für erneuerbare Energien e. V.

www.geothermie.de: Geothermische Energie – Mitteilungsblatt der Geothermischen Vereinigung e. V.

www.iwr.de: Internationales Wirtschaftsforum Regenerative Energien (Münster): Übersichtlich gestaltete Informationen zu Technik, Firmen und Märkten im Bereich der erneuerbaren Energien.

www.baumev.de: Bundesdeutscher Arbeitskreis für Umweltbewusstes Management e.V.: Umweltinitiative der Wirtschaft. B.A.U.M. unterstützt seine Mitglieder in allen Fragen des unternehmerischen Umweltschutzes und Fragen der Nachhaltigen Entwicklung.

www.solarthemen.de: Unabhängiger Informationsdienst zu regenerativen Energien

www.solarwaerme-plus.de: Kampagne „Solarwärme plus"

www.solid.de: Solarenergie Informations- und Demonstrationszentrum: Solarinformationen für Lehrer und Schüler, regenerative Energieprojekte

www.solarserver.de: Buchtipps, Solarveranstaltungen, Software, Onlineberechnung

www.sonnenseite.com: Seite des Fernsehjournalisten Franz Alt; neueste Nachrichten aus den Bereichen Energie, Klima, Entwicklung usw. An jedem Sonntag gibt es einen kostenlosen Sonnenseite-Newsletter.

www.bee-ev.de: Bundesverband Erneuerbare Energie.

www.wind-energie.de: Bundesverband Wind-Energie. Herausgeber der Zeitschrift „Neue Energie"

www.kleinwindanlagen.de: Beiträge und Erfahrungsberichte über kleine Windkraftanlagen zur Eigenversorgung.

14. Register

Abbildungsnachweis soweit nicht im Text vermerkt

Guter Rat für Sie

Hier können wir Ihnen nur eine kleine Auswahl unseres mehr als 100 Titel umfassenden Ratgeber-programms vorstellen. Auf Wunsch senden wir Ihnen gerne die Gesamtübersicht aller Publikationen zu. Unsere Ratgeber können Sie in den Beratungsstellen der Verbraucherzentralen kaufen oder bei den Herausgebern (siehe Impressum) bestellen. Zu den genannten Preisen (Stand: Oktober 2009) kommen noch Porto und Versandkosten.

Die Baufinanzierung

Den Traum von den eigenen vier Wänden zu verwirklichen, ist für viele Menschen ein wichtiges Lebensziel. In Zeiten einer weltweiten Finanzkrise und bröckelnder Rentenansprüche rückt aber auch die Funktion der eigenen Immobilie als Altersvorsorge immer mehr in den Mittelpunkt. Unser aktueller Ratgeber bietet Informationen zu persönlicher Finanzierungsplanung, verschiedenen Möglichkeiten der Baufinanzierung, erläutert steuerliche Förderungen, sagt, wer Wohn-Riester-Förderung bekommt oder gibt Hinweise zur vorzeitigen Vertragsablösung und Anschlussfinanzierung.

3. Auflage 2009, 176 Seiten, 14,90 €

Kauf und Bau eines Fertighauses

Das Bauen mit dem Fertighausanbieter ist eine interessante Alternative zum klassischen Hausbau. Doch unterschiedliche Konstruktionsarten und Baustoffe machen die Entscheidung schwer. Hierbei gibt der Ratgeber umfangreiche Hilfestellungen bei der Herstellerprüfung und Vertragsgestaltung, der Baudurchführung und Abnahme. Dazu zählen u. a. Hinweise zu baurechtlichen Voraussetzungen, Tipps für den Kauf eines Grundstücks, ob es ein Holz-Fertighaus oder Massiv-Fertighaus sein soll sowie Hilfestellung bei der Vertragsgestaltung.

2. Auflage 2008, 198 Seiten, 9,90 €

Kauf eines gebrauchten Hauses

Der Hauskauf aus zweiter Hand hat einige Vorteile: Das gebrauchte Haus kann man im fertigen Zustand besichtigen, mit anderen vergleichen und man kann unter Umständen auch schneller einziehen. Unser Ratgeber unterstützt Sie mit zahlreichen Checklisten bei der richtigen Planung zur Haussuche, der gründlichen Gebäudeprüfung, der Ermittlung des Energie- und Sanierungsbedarfs und hilft bei der Gestaltung des Kaufvertrages und der Einschätzung des Kaufpreises.

5. Auflage 2009, 184 Seiten, 9,90 €

Die Muster-Baubeschreibung

Mit der „Muster-Baubeschreibung" können Sie bei Hausangeboten z. B. leicht erkennen, welche Leistungen im Angebot enthalten sind, ob Wichtiges fehlt und ob weitere Kosten hinzukommen, kontrollieren, ob der Anbieter sich an die Zusagen hält und mit Hilfe von Experten Standards und Qualitäten beurteilen. Der Ratgeber „Muster-Baubeschreibung" besteht aus zwei Teilen: Im ersten Teil werden die einzelnen Bauschritte erläutert – angefangen beim Grundstück, über Gebäudetyp, alle Ausführungen vom Keller bis zum Dach, über die Haus-